原発からの命の守り方

いまそこにある危険とどう向き合うか

守田敏也

KAIZOSHA

原発からの命の守り方

目次

目次

まえがき

『原発からの命の守り方』と題した本書は、原発事故の際の身の守り方と、福島原発事故（以下、福島第一原発事故と同義）で、すでに放出されてしまった放射能からの身の守り方について考察した本です。

福島原発事故から２０１５年9月11日で4年半が経ちましたが、事故はいまだに収束していません。原子炉格納容器が壊れていて高濃度の汚染水が漏れ出していますが、内部は放射線値が高すぎて詳細が分からず、修復ができない状態です。もちろん、事故の詳しい進展状況も分かっていません。にもかかわらず、政府は停止中の原発の再稼働を進めようとしています。恐ろしい軽挙です。

この動きに対して、２０１４年5月に福井地方裁判所が、大飯（おおい）原発3号機と4号機の運転を禁ずる判決を下しました。この判決においては「人格権」という言葉が使われました。人格権は「生命や身体、自由や名誉など個人が生活を営むなかで、他者から保護されなければならない権利」と規定されるもので、憲法13条と25条に根拠を持つものです。

福井裁判所は、原発事故が起きたときの被害が、原発から半径250キロメートルに及ぶと断定し、その中に住まう原告166人の人格権の保護のために、原発の運転差し止めを命じる判決を下したのです。

本書もまた、福井地方裁判所が示した人格権を、いかに守るのかという観点に立ちつつ、「原発事故が起こったときにどうするのか」「福島原発から飛び出した放射能に、いかに対応するのか」を検討しました。この先、万が一、原発事故に遭遇したときを考えて、あらかじめ知っておくべきことを網羅しておくとともに、すでに福島原発から飛び出してしまった放射能による被曝からの身の守り方について述べました。

こうした内容を持つ本書のタイトルを、どう付けるのかいろいろと悩みました。骨子である原発災害への対応を考えて、「原子力災害対策の心得」とすることも考えました。ところが、「災害対策」という言葉が入るとそれだけで、この書が行政関係の方に向けられたものであるかのようにイメージされてしまうことが分かりました。これは、これまでこの国の中では、「災害の対策は行政がするもの」という通念が支配的だったからです。

しかし今、原発災害だけでなく自然災害への対策をとってみても、各地域で国や地方自治体のこれまでの「想定」が、次々と突破されてしまっています。地球的規模での気候変動が起こっており、これまでに経験したことのない事態が頻発しているからです。その中で、災害対策よりも経済成長を優先して無理な開発を重ねてきたこの国の町のつくり方の限界が、あらわになってきている面もあります。

この事態を前に、各地の地方自治体は懸命に住民の命を守ろうと奮闘していますが、対応しきれない事態が続発し、大きな悲劇も起こっています。

原子力災害では、政府は福島原発事故まで「日本では大規模な原子力事故は絶対に起こらない」と主張して、災害対策をほとんど施してきませんでした。今になって、原発を再稼働させることを前提に、避難計画を作ることを原発から半径30キロメートル以内の地方自治体にまで求めていますが、多くの自治体が計画を作り切れていません。完成させた自治体もありますが、担当者は声を大にしては言えないものの、間違いなくまったく自信を持ててはいないはずです。もともと、無理な計画の作成を押し付けられたからです。

いや、そもそも福島原発事故のような大津波と大地震との複合事態を想定した計画を立てているところなどまったくありません。とてもではないけれども、立てきれないのです。

このような状態を考えたとき、私たちがもはや国に命を預けていてはならないことは明らかです。自然災害においてすら、各地の行政が完璧な対応などとてもできないと悲鳴をあげているのです。だから今、あらゆる災害に対して市民一人ひとりが自分の命を守る術を身に付け、いざというときに災害から逃れられるようにすること、あるいは少しでも被害を減らすことができるようにすること、そのための準備をしておくことが問われています。

特に原発災害に対しては、より市民の能動性が問われます。なぜかと言えば、自然災害対策とまったく違って、政府は福島原発事故へのまともな反省もないままに再稼働へと突き進んでいるからです。なぜそうなるのか。実はまともな対応をなそうと考えたら、再稼働などとてもできないことを政府が知っているからです。

　そのため、何とこの国の中で原子力災害対策を監督するのが誰なのかすらも、はっきりしていません。責任をとりたくないので、押し付け合っているのです。原発の再稼働を審査するのは原子力規制委員会ですが、規制委員会は新規制基準に合格して再稼働が認可された原発に対しても、「新規制基準に合格しただけで安全だとは言えない」と明言しています。どんなに安全対策を重ねても、「重大事故」はあり得ると、はっきり述べているのです。

　ところが政府は、規制委員会が「安全ではない」と繰り返し強調している点を意図的に無視し、「新基準に合格した安全な原発から再稼働させる」と語っています。「再稼働の安全性の責任は規制委員会にある。自分たちではない」と言い放っているのです。このため原発の安全性を誰も保障していないのに、再稼働が進められようとしています。

　さらに規制委員会は、半径30キロメートル以内の地方行政が避難計画を作る際のひな形として、２０１２年10月に「原子力災害対策指針」を打ち出していながら、計画に対する最終責任はそれぞれの計画を立てた地方自治体にあると語って、何の審査も行おうとしていません。

　この点でも政府もまったく同じで、各地で作られた避難計画は誰にも審査すらされないものになってしまっています。降って湧いたように、避難計画の策定を求められた地方自治体にのみ責任が押し付けられているのです。原発の運転主体ではなく、これまで原発災害対策を専門的に行ってきたわけでもない地方自治体に、避難計画の責任だけ押し付けるのはあまりにも無責任です。

これらの点だけでも、原発再稼働はとても認められるものではありません。しかし、あらゆる場面で軽はずみで危険な政策を押し進めようとしているこの国の政府は、2015年8月に川内原発の再稼働を強行してしまいました。この流れが、さらに強まる可能性もあるがゆえに、私たちは身の守り方を自主的に考えざるを得ないのです。

さらに、原発や核施設は再稼働していなくても、燃料プールに使用済み核燃料棒がある限り、危険にさらされる可能性があります。福島原発事故では、運転していなかった4号機が恐ろしい危機に瀕しました。私たちはこのことで、燃料プールの持つ恐ろしさを突きつけられました。原子炉内の核燃料にはまだしもたくさんの防壁がありますが、燃料プールには何の防壁もなく、水が抜けてしまえば、大惨事になるのです。この点からも、私たちは自分たちで原発事故とはどのようなものであるのかを知り、万が一のときに少しでも安全を確保できる知恵を積み重ねておく必要があります。

さらに福島原発事故で、すでに膨大な放射能が大気中に出されてしまっており、私たちは日々、その放射能から身を守ることも問われています。また原発は、事故を起こさなくても被曝労働を作り出しており、福島原発の現場で行われている事故の収束作業でも被曝が繰り返されています。

それらの点から、本書では「原発事故」というより、現存する「原発」そのものから私たちの命をいかに守るのかを問わねばならないと考え、タイトルを『原発からの命の守り方』とすることとしました。

本書が一番の対象としているのは、一人ひとりの市民・住民です。特に読んでいただきたいのは、各地の原発により近い方々であり、かつまた福島原発事故で放射能に被曝した地帯に住まわれている方です。ちなみに、放射能が降り注いだ場は、一般に「汚染地」と呼ばれています。放射能に汚染されているのですから、そう書いて間違いはありません。しかし、それでは加害、被害関係が見えにくいこと。また同時にそこには、それでも住まわざるを得ない人々、それでも住み続けたい人々がおられることを考えて、本書では「汚染地」に代えて、「被曝地」という言い方を貫きたいと思います。「加害者東京電力によって被曝させられた地」の意味です。

これから起こり得る事故によっても、すでに起こった事故によっても、命を侵害されている方々にぜひ読んでいただき、ぜひそれぞれで原発と原発災害に対する知識を持ち、放射能被曝を避ける観点を身に付けていただきたいのです。

ただし、ここで紹介する観点は、地方の行政の方たちが、原子力災害に限らず、自然災害などあらゆる災害への対策を立てる上でも参考になるものだと自負しています。災害対策全般に共通する事柄から解き明かしているからです。そのため、無理な原発事故からの避難計画作りを求められてきた原発直近の地方自治体の方たちにも読んでいただき、少しでも計画を実のあるものに育てていただければと思います。

また、現に福島原発の場で事故収束のために奮闘されている方や、核施設に関わられている方、さらに万が一再度の原発災害があれば、危険地帯に赴かなければならない消防官、警察官、自衛官のみなさん、避難のために奮闘されるであろう地域の消防団や行政の方たちなどにも、ぜひ放射能から身を守るために本書に学んでいただきたいと思います。

私たちの命を、私たち自身で守る力をより強くするために、みなさんで本書を活用していただければ幸いです。

第1章

原発事故とはどのようなものか

1-1 2011年春の危機

(1) 半径170キロメートルの強制避難を予測した「近藤シナリオ」

原発事故からの命の守り方の前提として、原発事故とは最悪の場合、どのような被害を伴い得るものなのかを考察しておきたいと思います。

その際、最も重要な資料は「近藤シナリオ」です。これは2011年3月11日以降の福島原発事故の進展の中で、時の菅直人首相が、事故が最悪化した場合の被害の見積もりを内閣府の原子力委員会に依頼し、近藤駿介委員長によって3月25日に内閣に提出されたものです。「近藤シナリオ」というのは、当時の内閣内での呼び名です。

シナリオには「福島第一原発1号機が再度の水素爆発を起こすなどして、現場での冷却などを基軸とする事故対処ができなくなり、結果的に1号機から4号機まで、次々と破たんする事態」が想定されていました。この場合、特に4号機の燃料プールにある大量の燃料棒が大気に晒されて膨大な放射能が飛散することが予測されました。

この膨大に発生する放射能による被曝を避けるため、チェルノブイリ原発事故*時の

チェルノブイリ原発事故
世界最大の原発事故。1986年4月26日、旧ソ連（現・ウクライナ共和国）のチェルノブイリ原子力発電所4号炉で起きた原子炉爆発事故。この原子炉は、黒鉛減速軽水冷却沸騰水型と呼ばれる同国に特有のもので、定期点検で出力を停止する途中で爆発事故が起こった。大規模な放射性物質の放出が5月6日まで続き、発電所周辺30キロメートルにわたって人が住めない状態になり14万人が避難した。

避難基準を採用すると、半径170キロメートル圏が強制避難区域となり、250キロメートル圏が希望者を含んだ避難区域となる、とされていました。2011年12月に、毎日新聞が報じているので、これを示しておきます（**図1**）。

この「近藤シナリオ」については、首相への提出の後に、政府に呼ばれて首相補佐官に就任し、以降、事故対策に当たった民主党の馬淵澄夫議員も自著の中で触れています。馬淵議員は、2011年3月26日の夕方に細野豪志首相補佐官に電話で呼び出され、翌日27日に東京に駆けつけてこのシナリオを見せられたうえで、急きょ、首相補佐官への就任と、最悪の事態の封じ込めへの着手を要請されたのでした。こうして、事故対策を担当する政府高官と

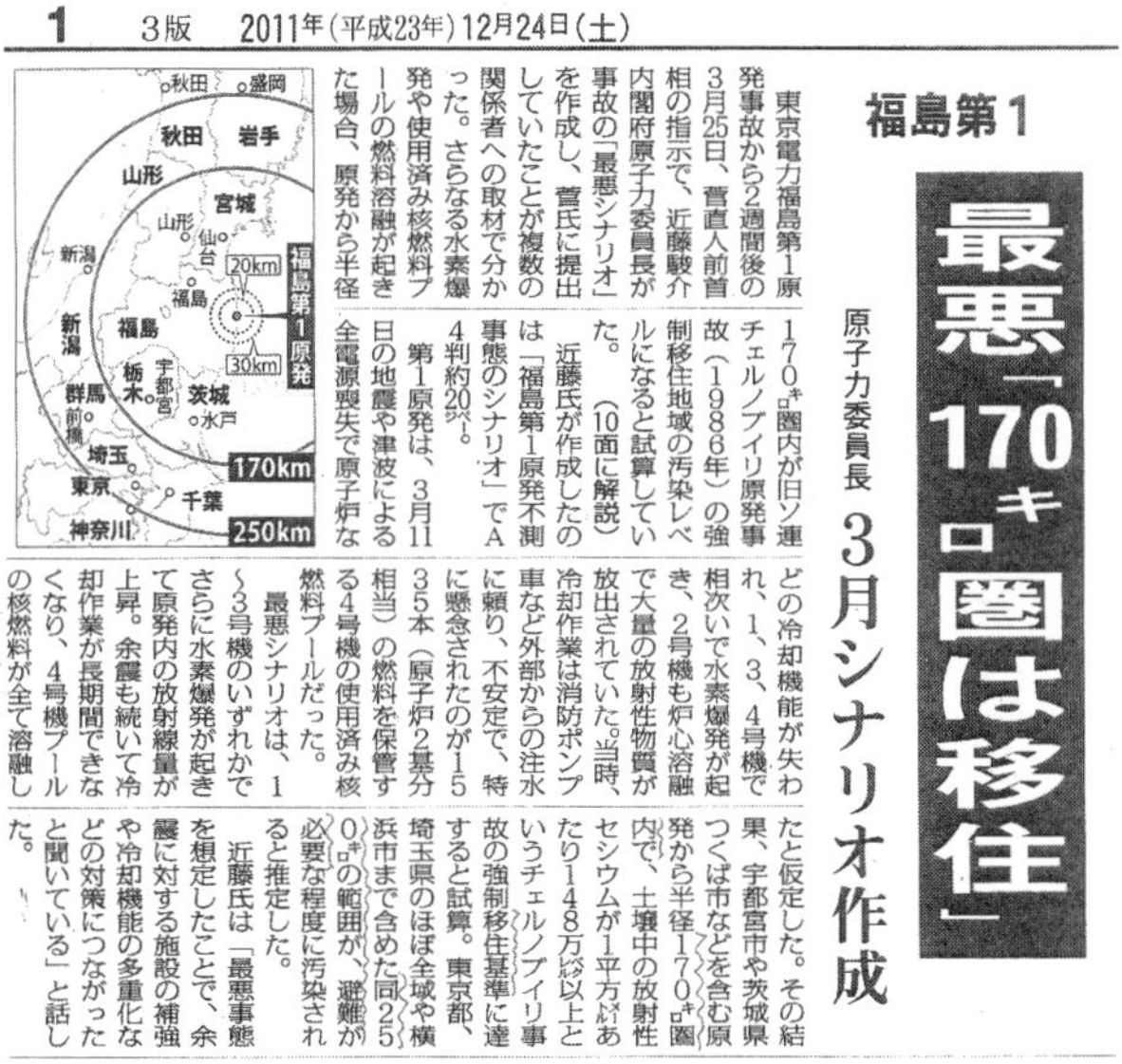
1　3版　2011年（平成23年）12月24日（土）

福島第1

最悪「170キロ圏は移住」

原子力委員長　3月シナリオ作成

東京電力福島第1原発事故から2週間後の3月25日、菅直人前首相の指示で、近藤駿介内閣府原子力委員長が事故の「最悪シナリオ」を作成し、菅氏に提出していたことが複数の関係者への取材で分かった。さらなる水素爆発や使用済み核燃料プールの燃料溶融が起きた場合、原発から半径170キロ圏内が旧ソ連チェルノブイリ原発事故（1986年）の強制移住地域の汚染レベルになると試算していた。（10面に解説）

近藤氏が作成したのは「福島第1原発不測事態のシナリオ」でA4判約20㌻。

第1原発は、3月11日の地震や津波による全電源喪失で原子炉などの冷却機能が失われ、1、3、4号機で相次いで水素爆発が起き、2号機も炉心溶融で大量の放射性物質が放出されていた。当時、冷却作業は消防ポンプ車など外部からの注水に頼り、不安定で、特に懸念されたのが1535本（原子炉2基分相当）の燃料を保管する4号機の使用済み核燃料プールだった。

最悪シナリオは、1～3号機のいずれかでさらに水素爆発が起きて原発内の放射線量が上昇。余震も続いて冷却作業が長期間できなくなり、4号機プールの核燃料が全て溶融したと仮定した。その結果、宇都宮市や茨城県つくば市などを含む原発から半径170キロ圏内で、土壌中の放射性セシウムが1平方㍍あたり148万㏃以上というチェルノブイリ事故の強制移住基準に達すると試算。東京都、埼玉県のほぼ全域や横浜市まで含めた同250キロの範囲が、避難が必要な程度に汚染されると推定した。

近藤氏は「最悪事態を想定したことで、余震に対する施設の補強や冷却機能の多重化などの対策につながったと聞いている」と話した。

図1　近藤駿介内閣府原子力委員長が作成した「近藤シナリオ」（「福島第１原発不測事態のシナリオ」）を報じる毎日新聞。2011年12月24日号の記事より

なった馬淵議員は、このときのことを以下のように述べています。

首都圏全体が避難区域となる

もし原子炉の一つが新たに水素爆発を起こし、冷却不能に陥ったとしよう。格納容器は破損し、中の燃料も損傷、大量の放射性物質が一気に放出される。

高線量により作業員は退避を迫られるため、これまで続けてきた注水作業を中断せざるをえない。冷却できなくなった他の原子炉でも、格納容器や燃料プールに残された燃料がやがて露出し、そこから新たに大量の放射性物質が放出される。

つまりどこか一つでも爆発が起これば、他の原子炉にも連鎖し、大規模な被害となるということだ。

シナリオで特に危険性が高いと指摘され、シミュレーションの対象となっていたのは1号機だった。

この1号機で水素爆発が起きた場合、高線量の放射性物質が放出され、人間が近づくことすらできず、全ての原子炉が冷却不能に陥る。その結果、8日目には2、3号機の格納容器も破損し、約12時間かけて放射性物質が放出される。6日目から14日目にかけては4号機の使用済み燃料プールの水が失われ燃料が破損、溶融し、大量の放射性物質の放出が始まる。約2か月後には、2、3号機の核燃料プールも干上がり、ここに保管されていた使用済み燃料からも放射性物質が放出される。

この場合、周辺に撒き散らされる放射性物質による被曝線量はどれほどになるのか。

最も大量の燃料を抱えているのは、４号機の使用済み燃料プールだ。このプールに保管されている、原子炉二炉心分・１５３５体の燃料が溶け出ると、10キロ圏内における1週間分の内外被曝線量は何と１００ミリシーベルト、70キロ圏内でも10ミリシーベルトにも上ると推測されていた。

さらにチェルノブイリ原発事故時の土壌汚染の指標では、１７０キロ圏内は「強制移転」、２５０キロ圏内は「任意移転」を求められるレベルだった。汚染の状況はひどく、一般の人の被曝限度である「年間1ミリシーベルト」の基準まで放射線量が下がるのに「任意移転」の場所でも約10年かかると試算されていた。

「福島第一原発から２５０キロ圏内」――それは首都圏がすっぽりと覆われるほどの広大な範囲だ。北は岩手・秋田、西は群馬・新潟、南は千葉や神奈川におよび、東京23区全てが含まれる。この圏内における人口は3千万人にも上った。

近藤シナリオにおける最大の衝撃はこの点にあった。

（『原発と政治のリアリズム』馬淵澄夫著　P24〜26　新潮社）

当時、政府中枢の人々は、このシナリオに基づいて行動していました。この国は、何と半径２５０キロメートル以内が「任意移転」の地域になり、しかも10年経って、ようやく年間1ミリシーベルトの状態になる寸前だったのです。これに対応するための命令が、極秘裏に自衛隊に対して出されていました。

はじめに触れた福井地裁による大飯原発の運転停止命令は、この政府自身が作成し、実際に対応を準備していた「近藤シナリオ」に基づいています。

ただし、この近藤シナリオを詳細に読み込んでいくと、これでもまだ被害想定が「最悪」とは言えなかったことが分かります。というのは、シナリオには原子炉が連続的に崩壊していく事態が書かれているのですが、出てくる放射能で問題にされているのは主に4号機のプールにあった核燃料が溶け落ちて出てくるものに限られていたからです。

馬淵議員の著述の中でも、「二炉心分1535体」とあります。ここに封じられた放射能が全部出てしまったら、半径170キロメートルが強制移転、半径250キロメートルが任意移転とされていたわけです。ところが、福島第一原発には他にもたくさんの核燃料がありました。一覧を提示します。

1号機　運転中400体　プール392体（うち新燃料100体）
2号機　運転中548体　プール615体（うち新燃料28体）
3号機　運転中548体（うちMOX燃料*32体）　プール566体（うち新燃料52体）
4号機　定期検査中　プール1535体（うち新燃料204体）
5号機　定期検査中　プール994体（うち新燃料48体）
6号機　定期検査中　プール940体（うち新燃料64体）
共用プール　6375体

MOX燃料
(Mixed Oxide Fuel)
使用済み核燃料に含まれる劣化ウランとプルトニウムの混合酸化物。これを化学的に処理（再処理）し、燃料成形加工（MOX燃料）することで、再び原発の燃料として利用している。これを「核燃料サイクル」と呼ぶが、その中核となる高速増殖炉「もんじゅ」は、冷却系のナトリウム漏洩など技術的に問題が多く、2015年9月現在、未稼働のままになっている。

原子炉建屋内とは別に、6375体もの核燃料が沈められている巨大プールまであることは驚きですが、どれか一つの原子炉が破たんしても原発サイトには人がいられなくなります。メルトダウン*し深刻な状態が続いている1号機、2号機、3号機の建屋の中だけでも、燃料プールに1573体の核燃料があり、原子炉内には1496体分の溶けてしまった核燃料がありました。これらが撤退により放置されれば、崩壊は必至で、合計で核燃料3000体分以上もの放射能が出てきてしまう可能性がありました。

その上さらに、6000体を超える燃料プールまでも放棄せざるを得ないことになり兼ねない状態だったのです。4号機、5号機、6号機も定期検査で保守点検がなされていなければ、冷却機能が失われたときの手当てができず、そこに封じ込められている放射能も放出されてしまう可能性がありました。

つまり、福島第一原発だけ考えても、半径250キロメートル圏までの避難を想定せざるを得なかった近藤シナリオで書かれた4号機燃料プールの核燃料の何と6倍に相当する核燃料があり、冷却を必要としていたのです。

さらに、近隣には福島第二原発があり、やはり当初は事故を起こして深刻な状態にありました。第二原発の四つある炉にはそれぞれ764体の核燃料が装填されており、燃料プールには1570体から1672体と合計で6000体を上回る核燃料が冷却中でした。これらをも考えれば、近藤シナリオでの250キロ圏の任意移転という想定は決して「最悪」とは言えず、控えめな計算だったと言えます。

メルトダウン
炉心溶融。原子炉の中核（炉心）部分にある燃料集合体が、核分裂で発生する放射性物質の過熱により、原子炉内の圧力が上昇し、溶融すること。炉心溶融が起こったら、原子炉を直ちに冷却しなければ、原子炉圧力容器や原子炉格納容器が損壊して、大量の放射性物質を含む燃料が、そこから漏出するが、それを炉心貫通「メルトスルー」と言い、さらに原子炉建屋から抜けて漏出することを「メルトアウト」と呼ぶ。

なお、原子力規制委員会が東京地裁に提出した資料によれば、このときの近藤シナリオでの計算は1535体によるものではなく1096体分であり、その面でも被害見積もりが過小であったとされています。

これに対して当時の福島第一原発の吉田昌郎所長は、聴き取りに対して、事故は「チェルノブイリ級ではなくて、チャイナシンドローム*ではないですけれども、ああいう状況になってしまう」「放射性物質が全部出て、まき散らしてしまうわけですから、われわれのイメージは東日本壊滅ですよ」と回答しています。それほどの危機が、私たちの前に刻々と迫っていたのでした。

(2) 偶然に収まった4号機燃料プールの危機

実はこのとき、東電は4号機燃料プールの状態をほとんど把握できていませんでした。4号機は不幸中の幸いというべきか、定期点検中で運転しておらず、1号機から3号機のようなメルトダウンを免れましたが、その代りに炉心の中の燃料がすべて燃料プールに移されていたため、大量の使用済み燃料がプールの中にひしめいている状態で事故に遭遇したのでした。

4号機は、運転中ではなかったにもかかわらず爆発を起こしました。3号機が、原子炉の上にあるオペレーションフロアで爆発が起こったのに対し、その下の階での爆発でした。東電は3号機から発生した水素が、ベント*の際に4号機の建屋の中に入り込み、爆発に至ったと発表していますが、爆発の原因は今もって不明です。もともと燃料プー

チャイナシンドローム
アメリカ映画「チャイナ・シンドローム」(1979年制作)にちなむブラックジョーク。原子炉核燃料のメルトダウンによって、格納容器の壁が溶けて貫通し、溶けた核燃料がそのまま地球の裏側、実際は裏側ではない中国まで突き抜けてしまうという造語。映画公開から12日後に、スリーマイル島原子力発電所の事故が発生したことで流行語にもなった。

ベント
048ページで詳述するが、格納容器の圧力が高まったときに、格納容器を守るために中にある放射能を含んだ気体を排出させて圧力を下げる、本来あってはならない緊急措置。

ルは、電源喪失によって冷却できなくなって水位が下がり始めていました。そこに爆発が起こり、どれだけのダメージを被ったのかも把握できませんでした。

そもそも使用済み核燃料をプールに入れているのは、中に詰まっている核分裂によって発生した放射能が、放射線を出しながら違う物質に変わっていく「崩壊」と呼ばれる過程の中で熱を出し続けるためです。水は、その熱を取るために張られています。

同時に水は、放射線を止める働きも持っています。そのため、水が抜けると冷却できなくなるだけでなく、大気に燃料棒が晒されるや否や放射線が飛び出し始めます。しかも、すぐにも近くにいる作業員が即死してしまうほどの放射線を出すので、一気に危機的な状態に陥るのです。

そのプールの状態が把握できなくなってしまったのでした。それ自体が危機的な状態でした。アメリカからは、４号機プールにはほとんど水が残っていないのではないか、という絶望的な憶測も繰り返し出されていました。

その後の吉田所長らからの聞き取りでは、現場が4号機のプールが干上がっていないことを確認できたのは、何と上空を飛んだ自衛隊ヘリの撮影映像からであったとされています。映像に燃料プール付近で一瞬キラリと光ったものがあったため、水面があった、水が維持されている、と判断されたのです。

実際に水は残っており、その後、燃料プールが干上がるという最悪な事態を免れたわけですが、それはどのように回避されたのでしょうか。実は、まったくの偶然の結果でした。というのは当時、たまたま燃料プールに隣接している原子炉上部（原子炉ウェ

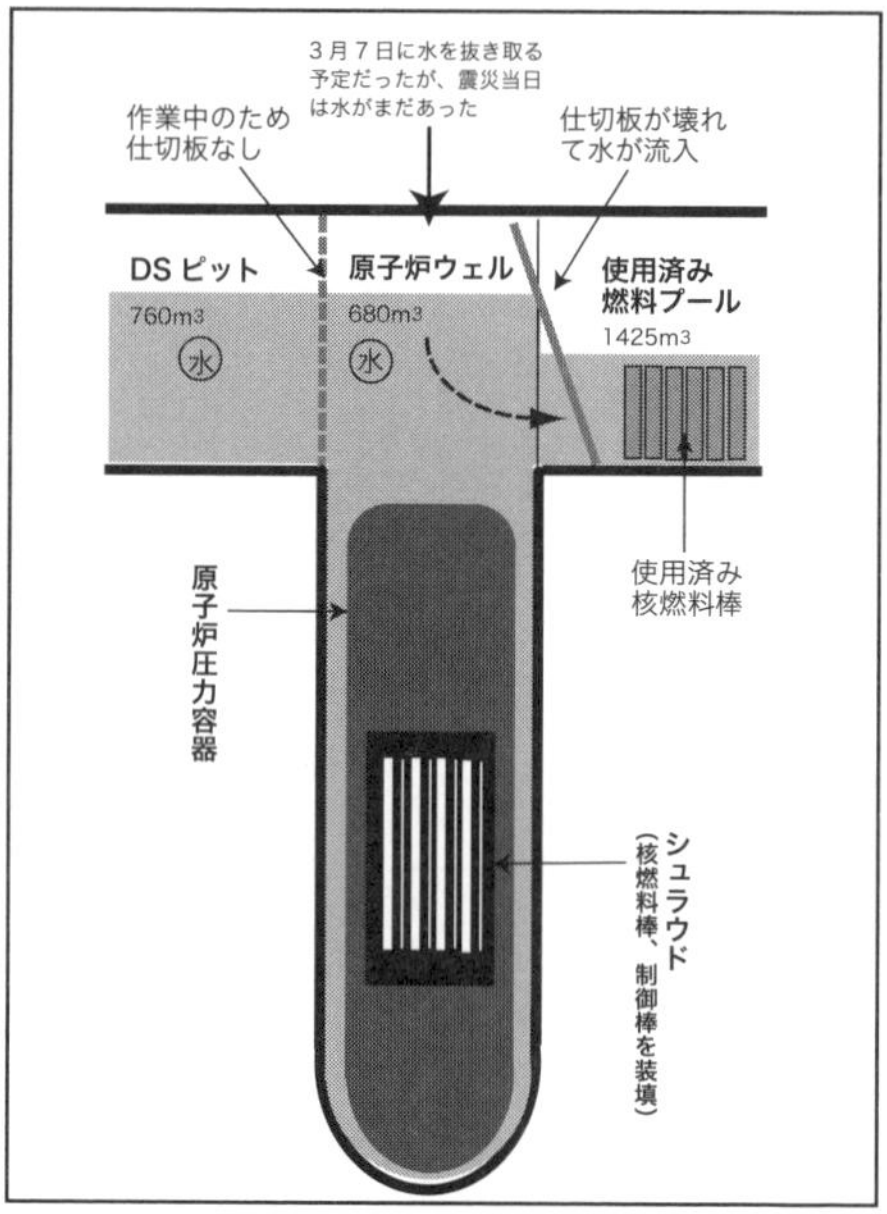

図2　震災当日の4号機の水の状況（第115回小出裕章ジャーナル及び報道各紙を参照）

ル）にまで水が張ってあったのですが、その水が自重で燃料プールとの仕切り板を破って燃料プールに大量に流れ込み、その結果として水が完全に干上がって燃料が溶け出し、抜け落ちてしまう悪夢のシナリオが、途中で止まったのです（**図2**）。

4号機は事故直前に、原子炉圧力容器内に炉心を覆う形に配置されている「シュラウド」という部品の点検・交換が予定されていたのでした。

このシュラウドも繰り返し損傷が発見されてきた問題部品なのですが、ともあれ、その交換作業のため原子炉の中も、上部の原子炉ウェルも水で満たされていました。シュラウドも大量の放射線を発するため、水の中で切断・分解して取り出さねばならないためでしたが、作業の終了予定が当初は3月3日とされていて、順調にいけば7日には水が抜かれる予定になっていました。ところが、道具の不具合などがあって作業が遅延し、水抜き作業が遅れたまま事故を迎えたのでした。このため原子炉ウェルに水が大量に残っており、これが燃料プールに流れ込むことで、結果的に悪夢が途中で止まりました。

東電が止めたのではなく、偶然に止まったのでした。

このとき、もし作業が予定通りに進んで水が抜かれていたら、と考えると、ぞっとします。１５００体以上もある燃料集合体が高熱を発しながら、抜け落ちていくことになったからです。本当にこの国は、絶望的な破局の一歩手前にあったのでした。

(3) 準備されていた大量被曝＝大量死への対応

４号機が大変な危機の中にあること、大量の放射能が漏れ出す可能性があること、あるいは新たな爆発が起こって大量に放射能が飛散し、多くの人々が深刻な被曝を受け、急性死する人々も出てしまう可能性があることを、事故直後から政府も東電も把握していました。しかし、このことは最後まで市民・住民には伝えられず、現在も「パニックを抑えるためだった」と肯定されてしまっています。ここでは、この危機はどのようなリアリティのもとに受け止められていたのかを押さえておきたい、と思います。

ここで参照したいのは、２０１３年10月28日に朝日新聞に掲載された『プロメテウスの罠』という連載記事の一コマです。以下、引用します。


「え？　俺たちがやるの」

福島県立医大は福島市中心部から車で20分ほどの小高い丘の上にある。２０１１年３月15日午後、医師や職員の不安が極度に高まる県立医大に現れたのが、熊谷敦史（40）らの長崎大チームだった。

目的は、福島第一原発4号機が破綻した際の大量被曝者の受け入れ態勢づくり。文部科学省の緊急被ばく医療調整本部から派遣された。

熊谷らは2階の一室で県立医大の5人の医師と机を囲んだ。救急科部長で教授の田勢長一郎（63）、救急医の塚田泰彦（46）、長谷川有史（45）、放射線医の佐藤久志（45）、宮崎真（44）。3月12日以降、除染棟で被曝医療の準備をしてきた医師たちだ。

熊谷は淡々とした口調で医療調整本部が決めた患者受け入れの手順を説明した。ヘリで運んだ患者を自衛隊員と協力して除染し体育館に運ぶ。遺体は体育館下の室内プールへ――。

「大量被曝した患者の治療は補液程度になります。体育館は野戦病院のようになるでしょう。病院自体も避難区域に入るかもしれません」

補液とはいわば点滴のこと。手の施しようのない患者が来ても治療する。病院周辺の住民が避難しても最後まで残る。そういう意味だ。

県立医大の医師たちには思ってもみない内容だった。

「国からスーパー部隊が来る」

佐藤は上司からそう聞かされていた。ハリウッド映画に出てくるような黒ずくめの集団ができぱきと処理を進め、プロフェッショナルな医師たちが迅速に治療する。そんな風景を想像していたのだが……。

目の前にいる医師は熊谷ひとりだけ。裏切られた気がした。

長谷川も同じ思いだった。「え？　俺たちがやるの」。驚いた。大粒の涙が出てきた。熊谷は厳しい見通しを告げた。早ければ今夜にも原発が大爆発する。準備を急ぐ必要がある、と。

佐藤は、長崎大のチームに学内を案内した。グラウンド、体育館、屋内プール……。こんな声が出た。

「遺体をこんなに深いプールにどうやって下ろすんだ」

「体育館の床に寝かせたらかわいそう。運動用マットを敷こうか」

半面、誰もがいまひとつ実感を持てずにいた。想定はあまりにも現実とかけ離れていた。

雨が降っていた。放射線防護学が専門の長崎大教授、松田尚樹(56)は不安を感じた。

（麻田真衣記者）

事態は、これほどまでに逼迫（ひっぱく）していました。「早ければ今夜にも原発が爆発する」。そういう認識が政府にはあったのでした。にもかかわらず、市民にはこうした危機はまったく伝えられませんでした。多くの福島県民や周辺の県民、東京都民などが、これほどの大危機を知らずに、「原子炉は壊れることはない」「にわかに健康に被害はない」と繰り返す政府の声明を信じ、積極的な被曝防護策を採ることなく日々を過ごしていたのです。これが、福島原発事故のリアリティであったことを何度も確認しておきたい、と思います。

1-2 今後、どのような事故が起こり得るか

(1) 福島第一原発がなお抱える危険性

東日本を壊滅に追い込み兼ねなかったあのときの危機をしっかりと再認識した上で、私たちが問わなければならないのは、この危機はすでに過ぎ去ったのか、という点です。最も大事なポイントですが、残念なことに「そうとは言えない」というのが答えなのです。この国を壊滅させ兼ねない巨大な危機は、いまだに完全に去ったとは言えないのです。

事故後、長い間、一番心配され続けたのは、やはり4号機の燃料プールでした。爆発によって建屋がダメージを受けており、プールの崩落や建屋の倒壊が懸念されたからでした。

このことは、燃料プールの構造的脆弱性をあらわにする事態でもありました。これまで政府と電力会社は、原子炉内の核燃料は5重の防壁（燃料ペレット、ジルコニウム管、原子炉圧力容器、原子炉格納容器、建屋）に守られているから安全だと繰り返してきました。それでも福

島原発事故では、５重の壁を突破する放射能の膨大な漏れ出しが起こったわけですが、燃料プールにいたっては、脆弱な建屋の壁があるだけで、事実上、何の障壁も設けられていないのです。ただ水を張っているだけで、水が抜ければたちまち危機に瀕してしまう危険極まりないものであることが社会的に明らかになりました。

さらに4号機の場合は、燃料プールの下部付近で爆発が起こっていて、燃料プールを支える建屋の構造も不安視されたことから、東電は２０１３年より使用済み核燃料を降ろす作業を開始。さまざまな困難が予想されたものの、作業はそれを越えて継続され、２０１４年末までに１５７５体すべてを燃料プールから降ろすことができました。燃料棒は、地上のプールなどに移されました。現場の方たちの必死の努力に拍手と感謝を捧げたいです。このことによって、近藤シナリオで最も懸念されていた危機が回避されたことは、私たちにとって大きな朗報でした。

また、事故から4年あまりが経過する間に、現場にある燃料棒や溶け落ちた燃料は、たくさんの放射線を出しながら放射能の総量を減らし続けています。自然の減衰です。その点でも当初と比べれば危険性は日々、減っています。

しかし、福島原発事故はいまだに収束したとはまったく言えない状況です。事故が継続中なのです。特に1号機から3号機の炉内には、メルトダウンした膨大な核燃料が残っています。圧力容器からほとんどすべて抜け落ちて、格納容器の下部に溜まっていると推測されていますが、放射線値が高すぎて人間が立ち入ることすらできません。わずかな時間に、たちまち致死量に達してしまうほどです。

その原子炉建屋の中にそれぞれに燃料プールがあり、合計で1500体以上の使用済み核燃料がまだ水の中に入れられています。

福島第一原発の各炉は、事故直後にそれぞれに激しい爆発を起こしました。さらに大地震の影響も受けており、その後も度々大きな余震にさらされ続けてきました。その上、核燃料を冷やすために大量の水を連日投入し続けていますが、どんどん漏れ出してしまっています。そもそも山側から原発の下に、一日1000トンとも言われる地下水が流れてきているのですが、ここに冷却のための水が混ざってしまっています。原子炉に投入され、核燃料を冷やす過程で汚染された後に、格納容器が壊れていた所から漏れ出している汚染水です。これらの水の流れのため、建屋直下の地盤もかなり緩くなっていると懸念されています。

最も恐ろしいシナリオは、この脆弱な状態の原子炉をかなり大規模な余震が襲うことです。地震学の専門家は、東日本大震災の巨大余震が起こる可能性がまだまだあることを指摘しています。例えば、東京大学名誉教授の笠原順三氏は、東日本大震災のようなM（マグニチュード）9・0の地震の後は、「5～10年、M8・0クラスの地震が起きる可能性がある」とテレビ番組の中で述べています。つまり、いつ大きな余震が来てもおかしくない状態が続いているのです。

このときに、建屋が地震に耐えられる保障がありません。建屋が倒壊すれば、燃料プールの核燃料がむき出しになり、冷却できなくなってしまう可能性があります。また、格納容器が今よりも激しく壊れて、放射線値がさらに高くなる可能性があります。どちらも最悪な場合、周囲から撤退せざるを得なくなり、福島原発は崩壊に任せざるを得なくなります。そうなれば、膨大な放射性物質が再び拡大してしまう可能性があります。

こうなると、事故はどこまで拡大するかわかりません。4号機のプールにあった核燃料も、もともと6000体以上入っていた共用プールなどに移しただけで、完全に安全な状態に移行したわけではないからです。このため、私たちは今なお、最悪な事態への備えをしておくべきです。特に、東北・関東を中心とした広域の避難訓練の実施が必要です。

(2) 各地の原発内にある使用済み核燃料の危険性

ご存知のように、原発は日本の各地にあり、それぞれに今も燃料プールに使用済み燃料が入っています。再処理のための運転を目指しながら、トラブル続きで稼働していない青森県六ケ所村の再処理施設にも巨大燃料プールがあります。

こうした燃料プールの危険性は、福島第一原発事故以前から指摘されていましたが、福島事故で4号機プールが危機に陥ることの中でよりクローズアップされました。

こうした状態の燃料プールに今、日本中で総計1万7291トンもの使用済み核燃料が備蓄されています。世界第3位の量ですが、実は燃料プールはどこもいっぱいになりつつあります。再処理のめどが立たず、運び出す先がないからです。そのため、一部ではすでに容量が尽きたことに対して、燃料体を入れる間隔を詰めて容量を増やしたりしており、そのことでも危険性が増しています。核燃料は、いっぺんに集合すると核分裂

電力会社	発電所・施設	貯蔵量(t)	容量(t)	超過(年)
北海道	泊	400	1020	16.5
東　北	女　川	420	790	8.2
	東　通	100	440	15.1
東　京	福島第一	1960	2270	—
	福島第二	1120	1360	—
	柏崎刈羽	2370	2910	3.1
中　部	浜　岡	1140	1740	8
北　陸	志　賀	150	690	14.4
関　西	美　浜	390	670	7.5
	高　浜	1160	1730	7.6
	大　飯	1420	2020	7.3
中　国	島　根	390	600	7
四　国	伊　方	610	940	8.8
九　州	玄　海	870	1070	3
	川　内	890	1290	10.7
日本原電	敦　賀	580	860	9.3
	東海第二	370	440	3.1
合　計		14340	20840	—
日本原燃	六ケ所再処理	2951	3000	—

経産省調べに基づき守田が表を作成。貯蔵量、容量はウラン換算。超過とは一斉稼働しかつ外部搬出がなかった場合の超過までの年。ーは未試算分。

表１　使用済み核燃料貯蔵状況（2014年３月末現在）

を再開してしまう性質を持っているからです。

使用済み核燃料の運び先とされてきた六ケ所村の再処理工場には、すでにプールの容量の96％になる2951トンが備蓄されています。世界最大の出力を持つ新潟県の柏崎刈羽原発にも2370トンあります。再稼働が強行された鹿児島の川内原発には890トン、福井県の高浜原発には1160トンがあります（**表１**）。

冷却ができなくなると大変危険な状態になる使用済み核燃料が、日本中に約1万7000トンもプールに入っている（2014年3月末時点。資源エネルギー庁調べ）のが、私たちが抱えている現実なのです。

そのため、私たちはこれらの原発が危機に陥ったときに備えておく必要があります。この際、居住地の原発からの距離だけに捉われていてはなりません。私たちの多くが、仕事や旅行で国内を大きく移動しているのであり、旅先で原発事故に遭遇する可能性も大きくあるからです。そのために、この国に住まうすべての地域の人々が、原発災害への備えをするべきです。

⑶　世界のどこで原発事故が起こっても不思議ではない

さらに、世界の至る所に原発があります。多くが老朽化しており、それぞれにさまざまな危険性を抱えています。中でも最近、注目が集まったのは、チェルノブイリ原発を抱えるウクライナのザポリージャ原発です。

この原発は、ヨーロッパ最大の出力を誇り、世界でも３番目に大きな原発です。この原発の原子炉の一つが、２０１４年秋に突然、緊急停止してしまいました。原因は、配電盤の電気的トラブルで、心配された放射能漏れはありませんでしたが、恐ろしいことに、わずか一週間の点検で再稼働されてしまいました。突然、緊急停止した原子炉を、たった一週間で再稼働させてしまう。とても十分な点検がなされたとは思えません。

背景には、ウクライナの内戦状態がありました。東部のドネツク近郊の、親ロシア派が多く、戦場にも近い地域に集中している炭鉱の多くが、戦火の影響で操業を停止していたため、冬をしのぐエネルギー事情が逼迫（ひっぱく）していたのです。このため２０１４年２月のクーデターで成立したウクライナ新政府は、住民を離反させないためにも、早急に原発を再稼働させたのだ、と思われます。

また新政権はロシアと対立していますが、このことが核エネルギーにも大きな影響を与えています。ウクライナの原発は、すべて旧ソ連＝ロシア製です。ウクライナがロシアから距離を取ろうとすると、核燃料の安定確保が難しくなります。

ウクライナは、親欧米派と親ロシア派が政権交代を続けてきましたが、２００４年から２００５年の「オレンジ革命」と言われた政変で、親欧米派のユシチェンコ大統領が政権についたときに、現在は東芝傘下となったアメリカのウェスチングハウス社*が近づき、設計思想の違うアメリカ製の核燃料の装填を勧めました。このため２００５年から２００９年までウクライナ南原発３号機でアメリカ製の燃料が使われましたが、運転を終えたところで、複数の燃料棒の欠損が見つかるなど、深刻なトラブルが起こっていたことが分かりました。

そのため、２０１０年に大統領選挙に勝利した親ロシア派のヤヌコーヴィチ政権のもとで、２０１２年にアメリカ製核燃料の使用が全面的に禁止されましたが、その政権が２０１４年２月のクーデターで倒されてしまいました。

新たな親欧米派政権は、ウェスチングハウス社と再契約し、アメリカ製核燃料の装填を行うと述べています。ロシアの技術者は、ロシア製の原子炉にアメリカ製の燃料を再び装填すれば、今度こそ大事故は必至であると警告していますが、政治的な攻防の中で再び強行されてしまう可能性があります。これらは戦火のもとにある原発が、戦火に直接巻き込まれることはなくても、なお非常に危険であることを物語るものです。安全性よりも政治性が優先されてしまうからです。

また、トルコやアラブ首長国連邦（ＵＡＥ）などへの原発輸出を進めようとしている

ウェスチングハウス社
正式名称は、ウェスティングハウス・エレクトリック・カンパニーＬＬＣ（有限責任会社）。アメリカ合衆国ペンシルバニア州バトラー郡クランベリーウッズに本社を置く、原子力関連の多国籍企業。ベルギー、フランスなどヨーロッパにも完全子会社を有する。株式非公開会社で、２００６年に東芝グループの一員となり、現在に至る。

日本のメーカーは、「日本が受注しなければ、中国や韓国が落札してしまう。中国や韓国の核技術は安全性が低いので日本がやるべきだ」と繰り返し述べています。福島原発の大事故を起こし、いまだ収束できていない日本が「自分たちの技術こそ安全性が高い」と言うことはあまりに滑稽ですが、しかし中国や韓国の核技術とて安全性を十分に担保できていない点もまた事実です。中国の場合、情報が不透明なので、なおさら危険性が高いと思われます。

これらを考えたとき、原発事故は世界のどこで起こっても不思議はなく、私たちはどこで遭遇するかも分かりません。海外旅行中に、あるいは赴任や留学中に、深刻な事故に遭遇する可能性もあります。このため誰もが、どこにいようとも、原発災害が起こったときにどうするのかの心得を持っておく必要があります。

⑷　被曝が継続している

もう一つ、重要な点は、福島原発事故ですでに大変な量の放射能が飛び出して、きわめて広範な地域が放射能汚染されてしまったことです。近藤シナリオの推計によれば、半径１７０キロメートル圏内が強制避難区域、２５０キロメートル圏内が希望者を含む移住ゾーン（避難権利区域）になるところだったわけですが、実は現実にもかなり広範な地域が、チェルノブイリ原発事故後にベラルーシ・ウクライナ両政府が採っている基準で、強制避難区域や避難権利区域に当たるところに相当してしまいました。

にもかかわらず、日本の避難区域は極めて狭いゾーンに限られており、避難権利区域については設定すらされていません。そのため、放射能汚染が高い「被曝地」に、いまだに膨大な数の人々が住み続けています。合計すれば、１０００万人を超えるのではないでしょうか。

そのため、今もなお被曝は継続中です。毎日、毎日、刻々と人々が被曝をさせられているのです。私たちはその意味で、今も被曝事故が毎日、継続的に起こっていることこそ見据えなくてはなりません。事故は福島原発の現場だけでなく、広大な被曝地で今も連続しているのです。

では、どれだけの地域がこれに該当するのでしょうか。またその際の被曝（汚染）の度合いは、どれくらいなのでしょうか。放射線の危険性を知っていただくために、ここで少しだけ放射線の値をいかに見るのかを押さえておきたいと思います。

放射線の単位の中で最も大事なものに、シーベルト（Sv）とベクレル（Bq）があります。シーベルトは、身体に当たった放射線の打撃力を表すものです。ベクレルは、そのものから出ている放射線の数です。

例えば、たくさんの放射線を放っている魚があるとします。しかしこの魚に近づいたり、食べたりしなければ、身体は影響を受けません。そのため、放射線は身体への打撃力と、そのものからどれだけの放射線が出ているか、の二つの観点から管理されているのです。

このうち人間への影響が一番の管理目標になるので、政府が人にどれくらい人工の放射線を当てることを容認するのかが決まっています。現在の国際基準は、１年間で１ミリシーベルトとされています。

これを1時間に直そうとすると、1年間は８７６０時間なので1ミリシーベルトを８７６０で割ることになります。そうすると単位が変わります。１ミリシーベルトは１０００マイクロシーベルトですので、１０００マイクロシーベルトを８７６０で割ります。そうすると０・１１４マイクロシーベルトという値がでます。１時間当たり０・１１４マイクロシーベルトの放射線を1年間浴び続けると、合計で1年間で１ミリシーベルト浴びることになるのです。

ただし、この1ミリシーベルトという値は安全値ではありません。放射線はどれほど小さくても当たれば身体になにがしかの害がある、というのが国際常識です。それでも原発を動かす利益のために、ここまでは我慢しようという考えで設定されているのが、この数字です。

では、年間1ミリシーベルトはどれくらいの害があると見積もられているのかというと、10万人が1ミリシーベルトの放射線を浴びたら、そのうち5人ががんで死ぬとされています。この数値を出しているのは、ＩＣＲＰ（国際放射線防護委員会＝International Commission on Radiological Protection）という国際組織です。アメリカの意向が強く働いている組織で、原子力政策の世界的推進派です。

ＩＣＲＰが扱っているデータの大元は、広島や長崎に落とされた原爆の被害者＝ヒバクシャの調査データです。調べたのは、原爆を落とした当事者のアメリカです。

実はＩＣＲＰは、一時期はがん死の危険性を10万人に1人と見積もっていました。これに対してアメリカの化学者だったジョン・ゴフマンという人が、ICRPのデータ解析の誤りを指摘し、危険性が40分の1に見積もられている、と主張しました。実際のリスクは10万人に40人が亡くなることだ、と述べたのです。

ゴフマンは、もともとはアメリカの核兵器開発に関わっていた化学者でしたが、あるときから核兵器反対の立場から発言するようになり、大いにアメリカ政府を驚かしたのでした。こうした批判を受ける中で、ICRPはがん死のリスクを10万人に5人と修正したのでした。

ただし、ここでのICRPの分析も、ゴフマンの分析も、放射線による被害をがんにだけ絞ったもので、この点での批判も高まってきましたが、最近になってICRPの見解を大きく覆す画期的な報告書が出されました。2011年4月に出された、『ウクライナ政府報告書』（*Twenty-five Years after Chernobyl Accident: Safety for the Future Ministry of Ukraine of Emergencies*）です。そこではチェルノブイリ原発事故で被災した約250万人の調査から、がんだけではなく、心臓病をはじめ、あらゆる臓器の病気や多種類の病気が発生していることが報告されたのです。

しかし、ICRPなどの国際機関は、これを認めていません。そのため、そもそもがん以外のさまざまな病気を可能性から外して、統計もとっていないため、放射線被曝が人体へどれくらいの危険性があるのかは、実は今もはっきりとは分かっていないのです。分かっているのは、10万人に40人のがん死者が出るよりも危険性がはるかに高い、ということです。

さらに、その土地の被曝の度合いを考察する上で、知っておいていただきたいのは「放射線管理区域」（radiation controlled area）という言葉です。放射線が厳しく管理されているエリアです。

ここには、読者のみなさんも入ったことがあると思います。病院のレントゲン室などです。放射線管理区域には禁止事項があります。「飲み食いしてはいけない。寝てはいけない。18歳未満の子どもを働かせてはいけない」というものです。

この区域は、シーベルトでは1時間当たり0・6マイクロシーベルト、ベクレルでは、1平方メートル当たり4万ベクレルの汚染が生ずることが考えられる場に設定されます。

これらを踏まえて図を見ていただきたいと思います。これは、群馬大学の早川由紀夫教授が、地表に落ちた放射性物質がそのままの状態で保存されている場所の放射線量で作成したセシウムベースによる放射能被曝（汚染）マップです（**次ページ図3**）。

また、同じようなものに、２０１１年9月に文部科学省が航空機モニタリング測定結果に基づいて作成した土壌の被曝（汚染）調査マップがあります。図３の空間線量（シーベルト）と文科省が作成した土壌から放たれている放射線量（ベクレル）で見積もった二つのマップは、ほぼ重なっています。

空間線量のマップでは、濃淡のスミ網がかかっているところは、すべて年間1ミリシーベルト以上の地帯であり、ベラルーシやウクライナでは避難権利区域に相当します。5ミリシーベルトを超えた地域は強制避難区域です。

ところが、日本では5ミリシーベルトを超えても避難区域にされていません。それど

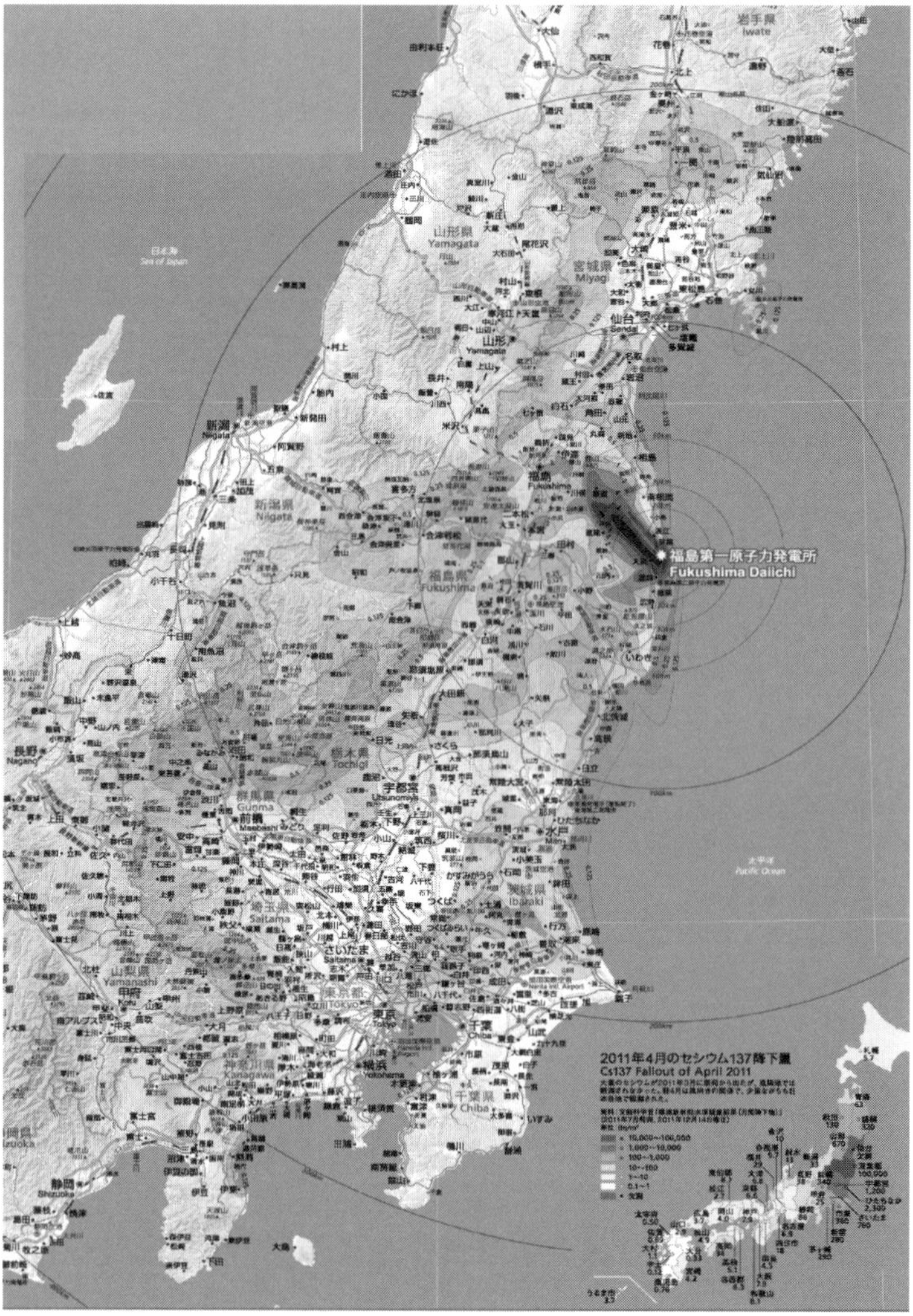

図３　2011 年９月のセシウムベースによる放射能被曝マップ　（早川由紀夫教授作成「福島第一原発事故の放射能汚染地図」〔八訂版 2013 年２月〕に基づく）

ころか、20ミリシーベルトまでが居住可能地域とされ、避難している人々をそこに呼び戻そうとする政策までが強まっています。

このため、今なお、膨大な人が被曝中なのです。この連日続く事故をどう食い止め、被害を減らしていくのかということも、私たちにとっての大きな課題です。

1-3 原発を再稼働させないことが一番

(1) 原子力規制委員会の新規制基準の誤り

起こり得る事故、現に進行中の事故の有様を踏まえた上で、これ以上の原子力災害を防ぐ観点から言えば、原発は再稼働しないことが一番であることは誰の目にも明らかです。そのため、原発事故への備えを高めようとの本書での提案は、再稼働を容認するものではまったくないことを、ここで強調しておきたいと思います。

そもそも政府と電力会社は、福島原発事故が起こるまで、日本の原発は事故を起こしても深刻な放射能漏れを起こすことは絶対にない、と繰り返してきました。その約束が完全に破られたのに、誰も何の責任もとっていません。

そもそも、この事故の「反省」をうたい文句に、経済産業省に属していた原子力保安院が閉鎖され、代わりに原子力規制委員会*が発足し、原発の稼働に対する新規制基準が発表されたのですが、ここでは驚くべき論旨のすり替えが行われてしまいました。

新規制基準は、二本の柱で成り立っています。一つ目に、原発が「重大事故」を防げ

原子力規制委員会
原子力規制庁

環境省の外局で、三条委員会（国家行政組織法3条2項による）とも呼ばれ、原子力利用における安全の確保を図ることを任務とする、独立性の高いとされる行政委員会。２０１２（平成24）年に、初代委員長に田中俊一氏（元原子力委員会委員長代理）と4人の委員が任命され、原子力規制委員会の事務局として原子力規制庁が置かれた。初代長官には、池田克彦氏（元警視総監）が就いた。

なかったために、これを起こさないようにすることとされています。しかし二つ目に、止める、冷やす、封じ込める機能を強化するけれども、それでも「重大事故」は防げない可能性がある。これまでの誤りは、この可能性に配慮しなかったことにあった。だから、これからは「重大事故」が起こったときの対策を立てる、と述べられているのです。

これは大変な開き直りです。「事故が起こったことを反省して、二度と事故を起こさないようにする」のではなく、「絶対に事故が起きないようにすることは無理であることが分かったので、これからは重大事故が発生した場合にも備える」と言うのです。

押さえておきたいのは、ここで言われている「重大事故」とは、もともと「過酷事故」と呼ばれていたもので、事故の規模の大きさ一般を示すものではない、ということです。過酷事故とは、一言で表せば、設計士の想定が突破された事故のこと、設計士お手上げの事故なのです。あらかじめ想定して作られた安全装置が、すべて突破された事態です。

その点で「過酷事故に備える」という言い方は、安全思想を完全に無視したものです。

なぜか。プラントの設計に当たっては、あらかじめ設計士が起こり得る事故を想定して安全装置を考案します。このもとに、万一事故があっても安全にプラントが止まるように設計するのです。原発であれば、運転が止まるとともに放射能が封じ込められ、安定的な冷却がなされること。このように完璧に設計されたと認知されたことをもってはじめて、原発はプラントとして認められてきたのです。

これに対して、過酷事故を前提としたプラントとは、自動車で言えば、ブレーキが効かなくなることがあらかじめ想定されている車でしかないのです。そのため、ブレーキ以外の停止装置を後付けしているわけです。しかし、「この車はブレーキが効かなくなる可能性を否定できません」と銘打った車が認められることなどあり得るでしょうか。認められるわけがありません。ブレーキが効かなくなる欠陥がクリアされるまで、その車は絶対に市場に出してはならないのが当たり前です。

ところが今、日本の政府と電力会社は、ブレーキの効かなくなる可能性を持った原発という車を走らせようとしているのです。それが再稼働です。そのために過酷事故＝「重大事故」対策が施されましたが、もともと設計段階で想定された安全装置がすべて働かなくなっているのですから、後から継ぎ足したもので事故を防げる保障などどこにもありません。しかも、既存の安全装置がすべて壊れてしまった段階のことですから、継ぎ足した装置が危機に際して本当にきちんと作動し、効果を上げるかどうか実験で確かめることもできないのです。どれも、ぶっつけ本番で使用する以外なく、そのときに作動するか否かも分かりません。いやそれどころか、むしろ危機をさらに拡大させてしまう可能性すらあります。

(2) ベントは「格納容器の自殺行為」……しかも、うまく機能しなかった

実は福島第一原発には、すでにこのような装置が今回の事故前から付けられていました。それが「ベント」でした。ベントは格納容器の圧力が高まったときに、格納容器を守るために、中にある放射能を高濃度に含んだ気体を排出する装置です。しかし、そもそもの格納容器の役目は、放射能を閉じ込めることなのです。放射能を閉じ込めるため

の容器を守るために、中にある放射能を外に出すというのはまったくの論理矛盾であり、このためベントは、設計士の一部から「格納容器の自殺行為」と呼ばれていました。

当然にもこの装置は、設計段階では付いていませんでした。放射能を閉じ込めることのできない事態が起こる格納容器など認められなかったからです。ところが作って運用を開始してしまってから、過酷事故の際、格納容器を守れないことがあり得ることが判明したのでした。そのとき、本来はこの原発を廃止し、一から設計をやり直さなければならなかったにもかかわらず、すでに行われた巨額の投資が無駄になることを回避するために、後付けでベントが付けられたのでした。

この後付け装置は、先にも述べたように作動の練習のしようのないものでした。そもそも、格納容器内の圧力が放射能を含んで危機的に高くなる事態など実験的に作りようがないからです。それで、世界で初めて福島第一原発事故のときに作動が試みられたのでした。

ところが、電源が喪失してしまったため、各炉のベントはなかなかうまく開きませんでした。1号機と3号機は圧縮空気を起こり込んで、つまりこれまた想定にはなかったやり方で何とか弁を開けてベントを行いましたが、2号機は最後までベントができず、格納容器の激しい破壊と膨大な放射能漏れを起こしてしまいました。1号機と3号機は爆発を起こしたため、強烈な印象が残りましたが、実は最もたくさんの放射能を出してしまったのは、ベントができなかった2号機なのでした。

要するに、想定外の事態に備えたこの後付け装置は、うまく働かなかったのです。これもまた、福島第一原発事故で示された教訓だったのです。

(3) 安全性を確保できなかった原発は、もう止めるべきだ

そもそもこうした事態から、原発のプラントとしてのあり方には、安全工学的に致命的な欠陥があることも指摘されています。安全設計とは、安全装置が故障したときにプラント全体が自動的に停止するようにシステムを作ることです。例えばブレーキで言えば、何らかの動力を使ってブレーキを操作する場合、動力が働いているときにブレーキが解除され、動力が切れたときに自動でブレーキがかかるようにしておくのです。こうなれば動力システムが壊れれば、自動的にブレーキがかかります。

ところが原子炉の場合、過酷事故の際にまったく矛盾した動作が強いられる宿命を持っているのです。というのは、メルトダウンやメルトスルーを防ぐためには冷やさなくてはいけない。そのためには、外から冷却水を入れるしかない。しかし一方で、放射能を閉じ込めなくてはいけない。そのためには、外に開いているすべての弁や配管を閉じる必要があります。閉鎖することと外から水を入れることを一度にやらなければならないのです。その上に、閉じ込めながら内側から圧力を抜くためのベントが後付けされていたけれども、それもうまく作動しなかった。

これらの点からするならば、現在の原発は、その設計思想から完全に破たんしたのだから、どうしても原発を動かしたいのであれば、もう一度、設計段階に立ち戻り、絶対に放射能漏れの起きない原子炉格納容器を設計すべきなのです。旧来の設計思想で作ら

れた現段階で動いている世界中の原発は、止めるべきなのです。

現実には、新しく設計からやり直す資本的余裕などとてもないですし、たとえ資金があっても、これまで明らかになった構造的欠陥をクリアする展望もないのですから、原発は安全性を確保できなかったがゆえに、もはややめるべきです。エネルギー事情をどうするのか……という点は、ここでは反論になりません。なぜなら、これまでのエネルギー論も、あくまでも原発が過酷事故を起こさないことを前提にした議論だったからです。

チェルノブイリを見ても福島を見ても、一度事故が起こってしまえば取り返しのつかない惨劇が起こってしまいます。人々を襲う悲劇は、金銭に換算できないものですが、あえて人が亡くなったり、傷害を受けたことの費用、避難にかかる費用、その後の被曝医療にかかる費用、除染にかかる費用、社会的補償のための費用などを考えても、とてもではないけれども採算に合う額ではありません。間違いなく、それらは放射能汚染とともに、未来世代に借金として押し付けられていくのです。

さらに、稼働中の原発は、動いていない原発に比べて格段に大きな危険性があることも指摘しておく必要があります。実際に、福島でも1号機から3号機までがメルトダウンしてしまっているように、運転中の原発は事故になってコントロールできなくなったときに、どこまで事故が拡大するかも分かりません。

また、放射能の総量という点から言っても、稼働中の原発はどんどん死の灰を溜めこんでいます。放射能は半減期に基づいて自然に減衰するので、稼働を止めてから時間が経てば経つだけ放射能量が減っていきます。そのためにも、日本中の原発をもうこれ以上、動かさない方が絶対によいのです。世界の原発も、できるだけ早く止めてしまった方がよいのです。

それでも、政府が川内原発に続き再稼働をさらに強行してしまうことがあり得る、との前提に立って本書は書かれていますが、再稼働がなされた原発はできるだけ早く止めること、ましてや他の原発の再稼働をさせないことこそが、安全性の担保のために最も重要だ、ということを、ここで強調しておきたいと思います。

なお、ベントが付けられていることそのものの矛盾や、安全工学の観点から見た原発の矛盾については、元格納容器設計者の後藤政志さんが、福島原発事故の直後から繰り返し解説を行い、警鐘を鳴らしてきてくださいました。詳しくは、ぜひ後藤政志さんのブログ*「後藤政志が語る、福島原発事故と安全性」をご覧ください。

後藤政志さんのブログ
http://gotomasashi.blogspot.jp/

1-4 実際に避難はできるのか

(1) すべての人が逃げきれないことを前提に避難計画を練るしかない

続いて、原子力災害に備える、避難計画を作ると言っても、現実的に避難できるのかという、あり得べき質問にお答えしたいと思います。結論は、理想的な避難方法をあらかじめ想定することは無理だということです。最悪の場合、膨大な放射能がすぐさま近隣に押し寄せて、絶望的な数の急性死が起こることもあり得ます。それが、原発事故の恐ろしさです。福島第一原発事故はその手前で、一度止まっている段階にあります。

原発事故は、どう進展するかまったく予想がつきません。近隣ではまったく逃げ出す余裕がないかもしれません。しかし反対に、福島第一原発事故でそうだったように、事態がある意味でゆっくりと進展し、避難のための多くの時間があることもあり得ます。

特に運転中の原発と違って、燃料プールの水が保てなくなる事態では、すぐに大爆発が起きるのではなく、一定の時間的経過のもとに、じわじわと破局的な影響が出ることも考えられます。その場合も、時間的余裕があります。

ただし、福島第一原発事故では、まず大地震がサイトを襲い、続けて大津波が襲ったのであって、周辺の道路自体が寸断されたり、冠水していたりしました。また多くの人々が地震と津波で被災していたため、逃げるどころか救助隊が被災地に入っていく必要がありました。これもまた、原発反対派も含めて、ほとんどの人が想定できていなかった事態でした。

福島第一原発事故が象徴するように、原発事故は大規模な自然災害と連動して起こる可能性が高く、これらから、そもそも災害がどのように起こり、大災害に発展し得るのか、極めてシミュレートしにくいものなのです。

これは、多くの人々が認めていることです。そのため、例えば太平洋側では南海トラフ地震が起こる可能性があり、政府の被害想定によれば最大で死者32万3000人、倒壊家屋238万6000棟という膨大な数が出されていますが、実はそこには静岡県の浜岡原発が被災する可能性が入っていないのです。理由は明らかにされていませんが、あまりに被害が膨大になり、かつ計算が複雑になるため除外してしまったと思われます。

これらを踏まえて現実にできることは、それぞれが被曝を避けるために、可能な限り最大限の努力をすること、結果的に効果が薄かろうと必死の努力をすることです。それによって、せめて少しでも被曝を少なくする。減災の観点で臨むことです。

その際、重視しておかなければならないのは、すべての災害で問題になるように、原発事故に際しても俄に避難できない人々が必ずいることです。高齢であったり、重病で入院中であったり、ハンディキャップを持っていたりと、理由はさまざまです。その方たちの逃げ道や放射能の避け方を考える必要があります。

同時に、そのときに医療関係者、福祉関係者を含めて、避難弱者を守る人々が必要となりますが、多くの場合、これらの人々は職業人であるとともに、家族を持つ私人でもあって、原発災害のときは、職場を守るのか家族を守るのかの岐路に立たされます。どちらを選んでも、後々深い心の傷が残ってしまっているのが、福島原発事故のリアリティでした。

また医療、福祉関係者だけでなく、消防、警察、自衛隊、あるいは地域の消防団をはじめ、もっと積極的に被曝覚悟で人々を守り、助ける側に回る人もいます。これらの人々も、被曝の危機に直面します。そのためにも、放射線防護の知識をしっかり身に付けておかなければならないのです。

それぞれの隊の中で、いざというときにどうするかの検討を行い、被曝地に赴くことを辞退する権利も保障しておいていただきたい、と思います。特に自衛隊は決して軍隊ではないのですから、あらゆる労働現場と同じように、隊員には命令を拒む権利もあることを強調しておかなければなりません。

福島第一原発事故直後の４号機燃料プールの最悪の危機の際、東京ハイパーレスキュー隊などが現場に駆けつけて果敢な放水を行いましたが、このとき、現場に行くか行かないかは、一律の命令で行われたわけではなかったそうです。目をつぶって、行きたくない者は手を挙げて……という方法をとり、なおかつ若い隊員の投入をできるだけ避けた、と伝えられています。こうした、精神的にも非常に困難な選択が強いられるのも原発事故の特徴です。

このように現実の事故に際して、さまざまな困難が起こることを見据えて、少しでも被曝を減らす努力を重ねておく。これ以外に道はないのです。

もちろん、これら全体を考えたときに、すべての人が理想的に逃げられる避難計画など立てようがないのですから、核施設をできるだけ早く無くすことが必要なのは明らかです。再稼働などは論外です。しかし、繰り返し述べてきたように、それでも核施設がある限り、避難の準備をしておかざるを得ないのです。

(2) 原子力規制委員会「災害対策指針」のおかしさ

国の避難計画は、どのようになっているのでしょうか。国は現在、原発から半径30キロメートル以内の地方自治体に避難計画の策定を義務付けています。しかも、そのひな形として原子力規制委員会が2012年10月31日に「原子力災害対策指針」（以下、「指針」と略）を打ち出し、これに則ることを求めています。指針は2013年2月、6月、9月、2015年4月、8月に改定が重ねられています。

しかし、この「指針」にはさまざまな問題点があります。第一に、大前提として「新規制基準」と同じく、過酷事故が起こることを前提にしていることです。これまで述べてきたことを繰り返すことになりますが、過酷事故は設計時に想定された事故を止めるための安全装置がすべて突破されてしまった事故です。設計段階の想定を超えてしまった事故のことなのです。そのため、事故そのものがどのように推移するのか予測することが難しく、それを対象に対策を講じようとするところに根本的な困難性があります。

第二に、「指針」は「原子力災害対策重点区域の範囲」の設定でも、大きな問題を抱えています。災害対策を作るべき地域設定が、過酷事故にも対応すると言いながら、原発から半径30キロメートルに根拠もなく限定されてしまっていることです。

これは、事故の進展が途中で止まっている福島原発事故の経験をも無視するものです。福島原発事故では、原発から30キロメートルから47キロメートルに位置する飯舘村が、あまりの放射能汚染の酷さから全村避難を強いられて、２０１５年夏の段階でも解除されていないからです。

より詳しく見ると、当初、規制委員会はこの重点地域を三つに分けました。一つは「予防的防護措置を準備する区域」（ＰＡＺ：Precautionary Action Zone）です。「即時避難を実施する等、放射性物質の環境への放出前の段階から予防的に防護措置を準備する区域」とされるもので、原発から半径５キロメートル以内とされました。

次は、「緊急時防護措置を準備する区域」（ＵＰＺ：Urgent Protective Planning Action Zone）です。「緊急時防護措置を準備する区域である」とされ、原発からおおむね30キロメートル圏内とされました。

さらに30キロメートル圏を越える地域を「プルーム通過時の被ばくを避けるための防護措置を実施する地域」（ＰＰＡ：Plume Protection Planning Area）とし、２０１２年10月の段階では、事後的に措置を検討するとしていました。

先にも述べたように、この想定にもまったく現実性がありません。福島原発事故で実際に行われた強制避難の実際は47キロメートル圏内を含んでいましたし、現実には放射能はもっと広域に飛散しました。

しかも、福島原発事故が途中で止まっている事故であることを考えた場合、放射能の放出がこれをはるかに上回る過酷事故の発生も予想されるわけですから、実際にはもっと広域で避難計画を作る必要があります。それこそ、福島原発事故が半径170キロメートル圏が強制避難、半径250キロメートル圏が希望者による移住ゾーンとなる可能性があったのですから、最低でもこの距離を重点地域に組み込む必要があります。いや、その170キロメートルから250キロメートル圏の避難という予想ですら、考えられる最悪の事態ではないことも、これまで見てきた通りです。

「指針」は、何度かにわたって改定されてきましたが、区域設定の非現実性は何ら改善されないばかりか、2015年4月の改定においては、もっと無責任なことが重ねられてしまいました。当初は30キロ圏を越える地域を「プルーム通過時の被ばくを避けるための防護措置を実施する地域」（PPA：Plume Protection Planning Area）としていたにもかかわらず、この項目が完全に削除されてしまい、30キロメートル圏外については必要な場合に屋内待避をするのみ、と公言されてしまったのです。

第三に、「指針」は各地の行政が作ることを強制された避難計画のひな形でありながら、重点地域の設定以外の点でも著しく現実性に欠けているために、実行不可能なものになっています。

そもそも、この章の初めに書いたように、原子力事故はどこまで拡大するか予想のつかないものです。そのため、対策を立てるに当たっては、あらゆるケースにおいて、全ての人々が確実に逃げられることを目指すことはとてもできないこと、事故の規模によっては多大な被害が発生することも踏まえた上で、少しでも被害を抑える「減災」の観点に立ち切らねばなりません。

この点をあいまいにする限り、計画は必然的に「絵に描いた餅」になってしまうのですが、規制委員会はこの点を見て見ぬふりをしているため、計画のリアリティを決定的に欠いてしまっているのです。

国は、原発を多くの場合、「僻地」と呼ばれていたところを選んで建設してきました。そのためほとんどの原発周辺地では、災害時に避難路の十分な確保ができません。しかも、福島原発事故のリアリティから言えば、大地震や大津波によってこそ原発事故が引き起こされる可能性が大きいにもかかわらず、とてもではないですが、こうした複合災害を想定して、いっぺんにほとんどの人々を避難させ得る対策など作りようがないのです。

にもかかわらず、国は原発から半径30キロメートル圏内に限って避難計画の作成を自治体に命じ、しかも規制委員会が作り上げたリアリティを欠いたひな型に沿うことを強いました。このため、現場の自治体には混乱が広がるばかりなのです。

その上、政府も規制委員会も、避難計画に対する監督の役割を放棄し、責任を地方自治体に押し付けてしまっています。避難計画を作れと言う命令と、作成を縛り付ける「指針」はあっても、政府の側からは審査も行わないし、責任も取らない、というのです。規制委員会も「避難計画に自分たちは責任がない」と居直っています。

このため、避難計画の策定を押し付けられた多くの自治体は困惑し、計画を作れずにいます。そのうちの幾つかの自治体は、計画の策定をコンサルタント会社に丸投げし、規制委員会の「指針」を引き写した、机上でしか通用しない「避難計画」を作りもしましたが、多くの自治体は困惑したままです。

特に再稼働が強行された鹿児島県鹿児島市の川内原発においても、検討されている福井県高浜町の高浜原発においても、避難計画を完成させていない周辺自治体がたくさんあります。いわんや複合災害への対策については、どの自治体もまったく立てられていません。

第四に、「指針」は過酷事故の想定を「核燃料は五重の防壁で守られているが、それが突破されることもありうるので避難計画を作る」と規定しているだけで、五重の防壁どころか、ほとんどむき出しになっている燃料プールのことには触れていません。

これは新規制基準の限界にも連なることですが、これまでも述べてきたように、福島原発事故の重大な教訓の一つに数え上げるべきことは4号機で顕著になった燃料プールの危険性です。何らシールド（遮蔽物）のない燃料プールで、水が抜けてしまえば、それで膨大な放射能が発生してくる可能性がある。いや、設計段階と比べて過剰に詰め込まれている燃料プールでは、地震などによって臨界爆発が発生してしまう可能性があります。

「指針」でも、新規制基準でも、燃料プール事故への対策をまったく抜かしているのは、対策を立てようにも燃料プールを覆う新たな格納容器のようなものの設計が不可能であり、有効な対策が立てられないからです。

燃料プールの安全対策としては、核燃料を早急に降ろして乾式管理に移行すること以外にないのですが、それも運転から数年間のプールの中での冷却が前提になります。つまり、原発を再稼働してしまうと対策の立てようがないのです。

このように、「指針」はあまりに矛盾が多いために、すでに多くの人士、団体から詳細な批判が出されています。ぜひ参考にしていただきたいですが、本書ではこの点にはこれ以上、触れません。指針の内容をこれ以上、細かく検討しても、実際の事故対策の手引きにはならないからです。

この点を押さえた上で、では予想もできないようなこの災害に対して、私たちがどのように備えればよいのか。可能な限り被害を小さくし得るための最も重要なポイントを述べていきたい、と思います。

第2章

あらゆる災害に共通する「命を守るためのポイント」がある

2-1 災害心理学から考える

まずここでは、原発災害にとどまらず、あらゆる災害に共通する事柄を見ていきたいと思います。なぜなら私たちの社会は、自然災害などで災害に対するたくさんの知見を蓄積しているからです。これが、原発災害にも十分適用できるのです。

では、あらゆる災害に共通する事柄は何かと言うと、何よりも可能な限り早く命を守る行動に移ることが対処の鉄則だ、ということです。「とっとと逃げること」が核心です。逃げることの中には、御嶽山の噴火時のように、すぐさま噴石を予測して遮蔽物に身を隠すことや、建物の中に閉じこもって災害をやり過ごすことも含まれます。

この際、最も大事なのは、「とっとと逃げること」を躊躇させるあらゆる災害に共通するポイントがある、ということです。災害に直面したときの私たちの心理の働きです。この点を理解しておくと、あらゆる災害時に命を守れる可能性が確実に上がります。

災害時の人間の心理的メカニズムを研究している学問を、災害心理学ないし防災心理学と言います。災害心理学では、事故時に迅速な避難を阻むものとして「正常性バイアス」「集団同調性バイアス」「パニック過大評価バイアス」を挙げています。バイアスとは偏見のことで、現状認識を歪めてしまう心理的メカニズムのことです。このため、これらのバイアスについてあらかじめ把握しておき、災害時にこの心理的な罠にはまってしまわないようにすることが大事なのです。

(1) 「正常性バイアス」の罠

この中でも最も重要なものは、「正常性バイアス」です。危機に直面したときに、危機そのものを認めず、事態は正常だととらえてしまう心理のことです。

私たち現代人は、日常生活の中で命の危機に直面するような経験をほとんど持っていません。現代の都市生活の安全性が増しているためで、ありがたいことではありますが、そのため危機に直面したときの心構えができていないのです。このため危機に直面しても、すぐに命が危ないと判断することが難しいのです。

むしろ多くの場合、危機を「危機ではない」と歪めてとらえてしまう方向に心が動きがちです。例えば、どこかの建物の中にいて火災報知機が鳴ったとします。火事が迫っているのですから、命がけの脱出行動をしなくてはなりません。でも、俄(にわか)にそう受け取ることは心理的ハードルが高いのです。

それで、「これ誤報じゃないの？」と思ったりする。誤報だと認識するなら危機ではないことになるので、命がけの脱出も必要ない。そのままにしていればよいのです。この方が心理的な安心を得られるため、誤報だという認識に傾きやすいのですが、この心理的メカニズムが、直ちに避難に移ることを阻害してしまいます。危機を認識したときには、もう手遅れになってしまうことも起こります。

人間はこの他にも、自分に都合の悪い事実を受け入れまいとして、事実にバイアスをかけて認識を歪めてしまう面をたくさん持っています。危機に直面したときは、この心理的メカニズムこそが最も危険なのです。

⑵「集団同調性バイアス」の罠

このようなときに、同時に働きやすいのが「集団同調性バイアス」です。危機に直面したときに、私たちの多くは心理的構えがないので判断力が働かなくなってしまい、とっさに周りの行動に自分を合わせてしまいやすいのです。

このため、先ほどの建物の中で、火災報知器が鳴った場面で、誰かが「これ誤報じゃないの？」などと言うと、「そうか。誤報なんだ」と思ってしまいがちです。さらに「そうだよ。誤報だよ。実は前にもそんなことがあってね……」などと、さらに同調を強めてしまうこともあります。要するに、多数に自分を合わせることで心の平静を保とうとしてしまうのですが、そうなるとそこにいた誰もがますます危機を認知できなくなってしまいます。

さまざまに行われてきている防災のための実験からも、火災報知器などが鳴った場合、一人の方が少なくとも何らかの確認行動をしたりはするものの、集団でいるとかえって誰も動かない場合が多いことが知られています。俄に誰かが飛び出してもしない限り、動かない側に集団的同調性が強まり、全体で避難のタイミングを失ってしまうことになるのです。

この正常性バイアスや集団同調性バイアスは、過去の安全だった事例と結びついたとき、より強い縛りを人にかけてしまいます。実際に、誤報が出された現場に居合わせた経験などは最たるものです。冷静に考えてみれば、今、眼前で鳴っている火災警報が再び誤報であると推測される根拠などないにもかかわらず、「誤報だ」と思った方が安心なので、そう思い込みやすいのです。

(3)「パニック過大評価バイアス」の罠

にもかかわらず、私たちの社会には、「人間は危機に際してパニックになる」という観点が過度に強調されて流布されてしまっています。実際には、危機をきちんと認識できてはじめてパニックも起こり得るのですが、正常性バイアスの方が強いので、危機を危機として認識できない方が多いため、パニックはそう簡単には起こらないのです。

しかし危機を認識し、人々に伝えようとする側には、「人間はすぐにパニックを起こす」というバイアスばかりに強く縛られているので、正常性バイアスや集団同調性バイアスにかかっている人々に対して、できるだけ危機をソフトに伝えようとしてしまい、結局、正常性バイアスの心理的ロックに阻まれて、危機を認識してもらえないことが度々起きています。

パニック過大評価バイアスは、危機管理者や事故発生時の責任者、行政当局などが特にかかりやすい罠です。それぞれの事故の専門家も、このバイアスにかかってしまうことがあります。これらの罠にはまりこまないために、危機を伝えるときには強いインパクトを人々に与えなければならない、ということを知っておく必要があります。

(4) バイアスにかかってしまった具体例―韓国大邱(テグ)地下鉄火災事件

こうした事例は、枚挙に暇がないほどですが、災害心理学でよく紹介される有名な事例を一つ挙げたいと思います。韓国の大邱地下鉄火災事件です。２００３年2月18日、大邱市の中央路駅で午前10時ごろに発生しました。

事故の発端は、自殺志願の男性による駅に停まっていた車内での放火でした。瞬く間に車両全体に火が回っていきましたが、このとき、反対側のホームに車両が近づいてきました。火災時には、他の電車を近づけないのが当然の鉄則ですが、このとき、中央路駅の運転指令部が正常性バイアスにかかってしまいます。火災報知器も鳴っていたのに、以前に誤報があったことがあって「また誤報ではないか」と考えて判断が遅れ、火事を起こしている構内に電車を入れてしまったのです。

このとき、悪いことに進入した車両の乗務員も、「正常性バイアス」から事態をきちんと認識できずに、「小さな事故なので、少しの間お待ちください」と車内放送をしてしまいました。これには「パニック過大評価バイアス」の影響もありました。

実際には、火は瞬く間に後から反対側のホームに入った車両に燃え移りましたが、相変わらず運転指令部は、事態を認識できず何の指示も出せませんでした。

火が燃え移って煙が充満する車内で撮られた、このときの痛ましい写真があります。恐ろしいのは、煙が入ってきているのに乗客が「少しの間お待ちください」という指示に従い、椅子に座り続けていることです。正常性バイアスと集団同調性バイアスにかかってしまい、目の前に命の危機が迫っているのに、それを認識できずにいたのです。

火事はさらに広がりましたが、運転士が司令部の命令で電車のマスターキーを抜いて待避してしまったため、一部の車両を除いてドアも開かず、そのまたくさんの方が亡くなってしまいました。後から入ってきた車両の方に、被害が集中しました。この事故で、全体で196人もの方が亡くなりましたが、そのうち142人が車内で亡くなっていました。

事故には、駅に十分な防火対策がなかったことや、防火訓練、避難訓練がなされていなかったことなど、多岐の要因がありましたが、正常性バイアスや集団同調性バイアス、パニック過大評価バイアスの中で、被害が拡大してしまった痛ましい例でした。

人々が、もっと早く事故を認識して、「とっとと逃げる」ことを実践できていたならば、もっとたくさんの方が助かるチャンスはあったのです。運転指令部や乗務員に大きな責任があるとはいえ、乗客一人ひとりがいち早く危機を認知し、脱出行動に移ることの重要性を、この事故は告げています。

お亡くなりになった方やご遺族、その後も火災事件による後遺症に苦しまれている方々のことを思うととても胸が痛みますが、こうした事故から私たちは、最大限に命を守る教訓を引き出すべきです。それが亡くなった方への手向けでもあると思います。

⑸　心の防災袋

これらの点を主に研究した書籍に、以下のものがあります。防災システム研究所所長・山村武彦（**写真1**）著『人は皆「自分だけは死なない」と思っている―防災オンチの日本人』（宝島社）。

ご紹介した韓国大邱地下鉄火災事件をはじめ、複数の事例が掲載されているので、ぜひ同書に学んでいただきたいのですが、その巻末に「心の防災袋」と題した短い文が掲載されています。とても参考になるので、項目だけ列挙しておきたいと思います。

1　知っておくべき人間の本能
人は都合の悪い情報をカットしてしまう。
人は「自分だけは地震で死なない」と思う。
実は人は逃げない。
パニックは簡単には起こらない。
都市生活は危機本能を低下させる。
携帯電話なしの現代人は弱い。
日本人は自分を守る意識が低い。

２　災害時！　とるべき行動
周りが逃げなくても、逃げる！
専門家が大丈夫と言っても、危機を感じたら逃げる。
悪いことはまず知らせる！
地震は予知できると過信しない。
「以前はこうだった」にとらわれない。
「もしかして」「念のために」を大事にする。
災害時には空気を読まない。
正しい情報・知識を手に入れる。

写真１　防災システム研究所・山村武彦所長（防災システム研究所のホームページより）

それぞれに短い解説が付いていますが、どれも名言です。

少しだけ解説を加えると、「日本人は自分を守る意識が低い」とは、食料などの備蓄が世界で最も少ない国が日本になっていることを指しています。今や、地方都市のありとあらゆるところにまでコンビニエンス・ストアーなどが進出し、自動販売機も張り巡らされているからです。しかし、２０１１年３月11日の東北大震災後、被災地ではその日の夕方には、もうあらゆる店舗の物資が枯渇してしまいました。

ちなみに、南海トラフ地震に備えて、政府は各家庭で最低、1週間の災害用飲食料の備蓄を勧めています。肝に銘じたい点です。

なお､同書の著者山村武彦氏が主宰する「防災システム研究所」のホームページ*にも、災害対策のたくさんの知恵が網羅されています。ぜひご覧ください。

(6) 原発事故には「正常性バイアス」がかかりやすい

私たちから適切な避難を奪う心理的メカニズムの押さえの最後に、原発事故こそはまさに最もこうしたバイアスのかかりやすいものであることを押さえておきたいと思います。なぜか。放射能は、五感でつかまえにくいものだからです。

よく匂いも味もしないと表現されます。実際には敏感な方は、突然じんましんが出たり、悪寒がするなど、動物的本能で放射能の到来を感知していた事実もあります。そのため、一概に匂いも味もしないとは言えませんが、何も感じない人も多くいます。

高線量被曝地帯では、放射線の影響で金属イオンの一部が舌に感知され、銀紙をなめたときのような不快感に襲われて、繰り返し唾を吐き捨てていた経験を持っている方もおられますが、しかし多くの場合、何らの変化も感じないので、事前学習がなければ、危険を危険として感知しにくいのです。

その上、避難の決行は、心理的な面だけでなく、身体的にも金銭的にも苦労を伴うことですから、「ここは安全だ=避難などしなくてもいい」という結論に心を誘導する心

*「防災システム研究所」のホームページ http://www.bo-sai.co.jp/index.html

理が極めて働きやすいのです。

実際にも福島第一原発事故の際には、非常に強い正常性バイアスが働きました。いや、今もこのバイアスは強く働いています。このため、福島第一原発が倒壊して事故が再度、破局的に広がる可能性を、「あり得ないこと」として心理的に遠ざけるメカニズムが働いています。

端的に言って、マスコミ各社も当初からこのバイアスの中に非常に強くはまってしまっていました。いや、政府もそうだったのではないでしょうか。前述した馬淵議員の著作の中でも、そうした場面がしばしば描かれています。

大事なことは、いまだにこの傾向が続いていることです。福島第一原発事故以降、日本社会は東日本が壊滅し得るほどの危機に直面しながら、それを心理的に受け入れることができずにきました。今も危機が小さくなりつつも厳然として眼の前にあるのに、ほとんどの人士がこれと向き合うことができていません。正常性バイアスの罠にはまり切ってしまっているのです。その点が、また私たちの大きな危機の源であること、断つべき誤った集団的心理であることを、ここで指摘しておきたいと思います。

(7) バイアスによる心理的ロックを解除にするのに有効なのは、訓練

災害心理学において、正常性バイアス、集団同調性バイアス、パニック過大評価バイアスが私たちの危機への認識を妨げ、避難行動に移る障害になっていることを指摘してきましたが、それでは、どうすればこの心理的ロックにはまってしまわないで済むのか、

を明らかにしたいと思います。

正常性バイアスにかからないための方策は、端的に、あらかじめ危機を想定した避難訓練を行っておくことです。災害に直面したら、どうするのかを事前に訓練しておくと、実際の災害のときに何をすればよいのか、咄嗟に選択できることがあるため、正常性バイアスにかからずに危機を受け止めやすいのです。危機を認知した後のパニックも防げます。

避難訓練と言っても、初めから具体的に行動する大掛かりなものを想定する必要はありません。学習が出発点になります。その際の基本点は二つです。一つは対象となる災害の特徴をつかんでおくこと。二つはあらゆる災害対策の基礎は「とっとと逃げること」ですから、どこにどのように逃げるのかを決めておくことです。

その場合、家族が落ち合う場所を決めておくことが大事です。避難先でもいいですが、小さいお子さんがいる場合は、誰が、どう迎えに行くのかなども決めておくとよいでしょう。

詳しいことは、また後で触れますが、ともあれ災害の特徴を踏まえた上で備える準備をしておくこと、いざというときの行動の仕方を決めておくこと、これが訓練の基礎になります。つまり、市民一人ひとりがシミュレーションを行っておくのです。

2-2 避難時の行動を災害社会工学から考える

続いて、「とっとと逃げだす」避難の実行に当たって、災害時の人の行動を研究している災害社会工学から、三つの原則が打ち出されているのでご紹介します。「想定にとらわれないこと」「いかなる状況でも最善を尽くすこと」「率先的避難者になること」です。これについて見ていきたいと思います。

(1) 想定にとらわれるな

災害への対処において、重要なのは事前にシミュレーションを行っておくことだと述べました。この際、多くの方が参考にするのが、それぞれの災害ごとに地方自治体が出している想定だと思います。これを地図に落とし込んだものをハザードマップと言います。

例えば水害についてなら、これまでの経験の積み重ね中から、どの地域がどこまで水没するか、どこにがけ崩れが発生しやすいかなどが書き込まれています。まずは、それぞれでお住まいの地域の水害対策のハザードマップなどをご覧になってみてください。
これを見たときに、ほぼ全ての人が行うことがあります。自分の家を探して浸水地域などに入っていないかどうかを調べるのです。「1メートルも水が押し寄せる」と書いてあれば、何だかがっくりするでしょうし、水没地帯から離れていればほっとするでしょう。

災害社会工学では、ここに危険性が潜んでいる、と指摘しています。例えば、「1メートルも水が押し寄せる」地域に家がある場合は、ハザードマップを見た効果が大きく表れてよいのです。いざとなったときの危険を考え、早目に避難したり、水害対策などをすることにつながるだろうからです。

危険なのは、ハザードマップで水がこない地域に自宅が分類されている人々です。なぜかと言うと、ハザードマップとてあくまでも人間の経験値なのです。そこから割り出された推論に基づく想定であって絶対ではなく、想定を越えてしまう災害も当然にもあり得るのです。

ところが、往々にしてハザードマップを見て「自分の住んでいる地域は水害のないところなのだ」と思いこんでしまう。それがいざというときに、「正常性バイアス」を強めて避難を遅らせたり、事前の災害対策を積極的に行わなかったりする根拠となってしまうのです。

もちろん、それぞれの地域で、これまでの災害を振り返ってハザードマップを作ることと自体は大切なことです。必要なのは、あくまでハザードマップは一つの想定であることをしっかり踏まえることです。むしろ、それでこそハザードマップは有効に活用されます。そこに示されているのは蓋然性であり、現実が人間の想定を超えることがあり得ることを、しっかりと頭に入れておくことが大事なのです。

特に最近の気象状況では、これまでの私たちの経験値を大きく超えてしまうことがしばしば起こっています。それまでの年間の降水量の何分の1とかに相当する雨量が1日で降るなどです。地球規模で起こっている気候変動のためとされていますが、いずれにせよ、これまで経験したことのないようなことが、この間、相次いで起こっていることに注目し、ハザードマップを上手に使うことが大切です。

⑵　いかなる状況でも最善を尽くせ

二つ目に重要なのは、災害から身を守るためには、いかなる状況に遭遇しようとも決して諦めることなく、最後まで最善の道とは何かを考えて行動することです。

あらゆる災害に共通することは、あらかじめすべての危険要因を除去しておくことや、起こり得るすべての可能性を考えて備えておくことは無理だ、ということです。「絶対に助かる道」は確保できないのです。そのため、必死で最善の行動をとっても、結果的に被害から脱し得ず、命を落とすこともあり得ます。そのことを踏まえた上で、命を守れる可能性が一番高いのは、あくまでも努力を続けることだ、ということを強調したいのです。

繰り返し述べてきたように、あらゆる災害に対してさまざまな想定がなされています。

この想定によって安心してしまうことの誤りを強調しましたが、反対に被害の大きさを考えてあらかじめ「いざとなったら逃げるのは無理だ」と思ってしまうこともあり得ます。災害に立ち向かうためには、最悪の場合を考えておくことも大事ですが、それで萎縮してしまっては元も子もありません。

実際の災害は、起こってみなければ、どう進むかは分かりません。想定を越えることもあれば、反対に想定を下回ることもあります。だから、無理だと思っても、まだまだ避難の余地が残されている場合もあるのです。

それだけに、普段から災害を想定したシミュレーションを行いつつ、実際の災害が想定を越えた場合の心構えをしながら対処することが大事です。しかも、一人ひとりがそのことを考えておくことで、総体として地域の災害に対する対抗力、防災力が格段にレベルアップすることを踏まえておいていただきたいと思います。

どのような災害であっても、当然にもあらかじめ救助隊が身近に控えていないわけですから、当初は周辺の人々による互助的な助け合いが生死を分けることになります。そのため、一人ひとりが対処能力をアップしていれば、その分、他者を助ける力も増えます。反対に、「自分はいつ死んだっていいのだ」などと考えて無防備でいると、災害時には周りの人がその人を助けざるを得ず、その分、救助者自身が、避難が遅れることもあり得ます。

災害の中では、自分の命は自分だけのものではない、ということを強く認識する必要があります。これまでのあらゆる災害の現場で、多くの人々がとっさに他者の命も救おうとして勇敢な行動をとっていますが、そのとき、実は助けられる側の懸命さによって、助ける側の危険性の度合いも規定されてしまうのです。

また、人を助けようとして助けられなかった場合、その人には深刻なトラウマが残る場合が多いことも強調しておきたいと思います。人は、人を見殺しにできない心を持っているのです。だから、自分の命は自分だけのものではないのです。この点は、災害後の心的ケアの問題として、また別に語られる必要がありますが、ともあれいかなる状況においても、最善を尽くすことは、自分のためだけではなく、周りの方たちの命を守るためでもあることを、踏まえておきたいと思います。

(3) 率先的避難者たれ

三つ目に大事なのは、「率先的避難者」になることです。

災害時に、人々が「正常性バイアス」や「集団同調性バイアス」にかかりやすいことをこれまで見てきました。建物の中で、火災報知機が鳴る。「誤報ではないか」と思ってしまう。

そのとき、誰かが「火事だ！　逃げよう！」と叫んで部屋を飛び出したら、避難をする方向に「集団同調性バイアス」が働きます。だから、率先して避難を行うと、結果的に多くの人々の避難を促すことにつながり、たくさんの命を救うことを可能にします。

このとき、「誤報だったら恥ずかしい」などの心理が働きがちですが、本当に火事なのか誤報なのかは、避難行動に移ってから確認すればよいのです。火事であるかどうかを確かめてから避難を開始すると―現実には、多くの人々がこの行動パターンをとりがちなのですが―火事を確認するまでの時間が浪費されてしまいます。火は瞬く間に広がりますから、このわずかな時間が生死を決し兼ねません。

このため、災害時に避難するときには、「逃げるぞ！　避難するぞ！」と声を掛け合って、一目散に退避に移ることが大事です。そのときの一生懸命さが、また人を動かします。実際の事例を見てみると、こうした場合、まだ正常性バイアスにとらわれている半信半疑の状態の人も、一緒に避難の輪に入っていったことが確認されています。いわば、周囲の熱意に動かされて、お付き合いのつもりで退避行動を行い、後でやっと事態の深刻さに気付き、命が助けられたことに感謝したなどという事例がたくさんあるのです。

だからこそ、自分だけではなく、人の命も守るために、いざとなったら率先的避難者たることを、常日頃から心がけておきたいものです。

なお、火災報知器が鳴った現場において、結果的に誤報であった場合、そこにいた誰もが悪い経験をしてしまったことになるので、「誤報であっても、飛び出したことは正しかった。次に同じような現場に遭遇したときも、誤報などとは思わず、迅速に避難しよう」と、その場にいた全員でとらえ返しておくことが大切です。

ゆめゆめ、「誤報だったのに、避難を叫んでごめんなさい」などと言うなかれ！　その一言が悪い教訓となって、いざというときの「正常性バイアス」を強めることに結果します。火災報知器が鳴ったら、まずは即座に避難に移ること、率先して行うことがいつでも正しい行為なのです。

(4) 避難時の三原則の実例＝釜石市の津波避難の経験

「想定にとらわれないこと」「いかなる状況でも最善を尽くすこと」「率先的避難者になること」、これら三原則は、災害社会工学の第一人者である群馬大学の片田敏孝教授（写真2）が提唱してきたものです。片田教授は、実際にも岩手県釜石市に関わり、子どもたちへの防災教育にも携わってきました。その釜石市で、2011年3月11日の大津波のときに典型的な事例が見られました。一つは、想定にとらわれて逃げられなかった人々が出てしまったこと。反対に、三原則を守り抜いて実に見事な避難行動が実現できたことです。

まず、一つの図（次ページ図4）をご覧になって欲しいと思います。これは、釜石市が出していた津波に関するハザードマップ*に実際の被害を重ね合わせたものです。黒塗りの地域はハザードマップで想定されていた浸水地域、それより内陸に入ったところにある破線が実際の津波の侵入ライン、○印が死者・行方不明者の分布を表したものです。白丸が60歳未満、グレーの丸が60歳以上です。

これを見ると、津波の予想到達地域の人々は、ごく一部を除いてきれいに逃げ出していることが分かります。ところが、津波の到来が予想されていなかった地域に死者、行方不明者が集中的に出てしまっ

津波に関するハザードマップ　市が作成した「釜石市津波浸水予測図」には、1960（昭和35）年のチリ地震津波、1896（明治29）年の明治三陸地震津波、1933（昭和8）年昭和三陸地震津波の浸水範囲が実績として記載されている。

写真2　片田敏孝教授（群馬大学災害社会工学研究室ホームページより）

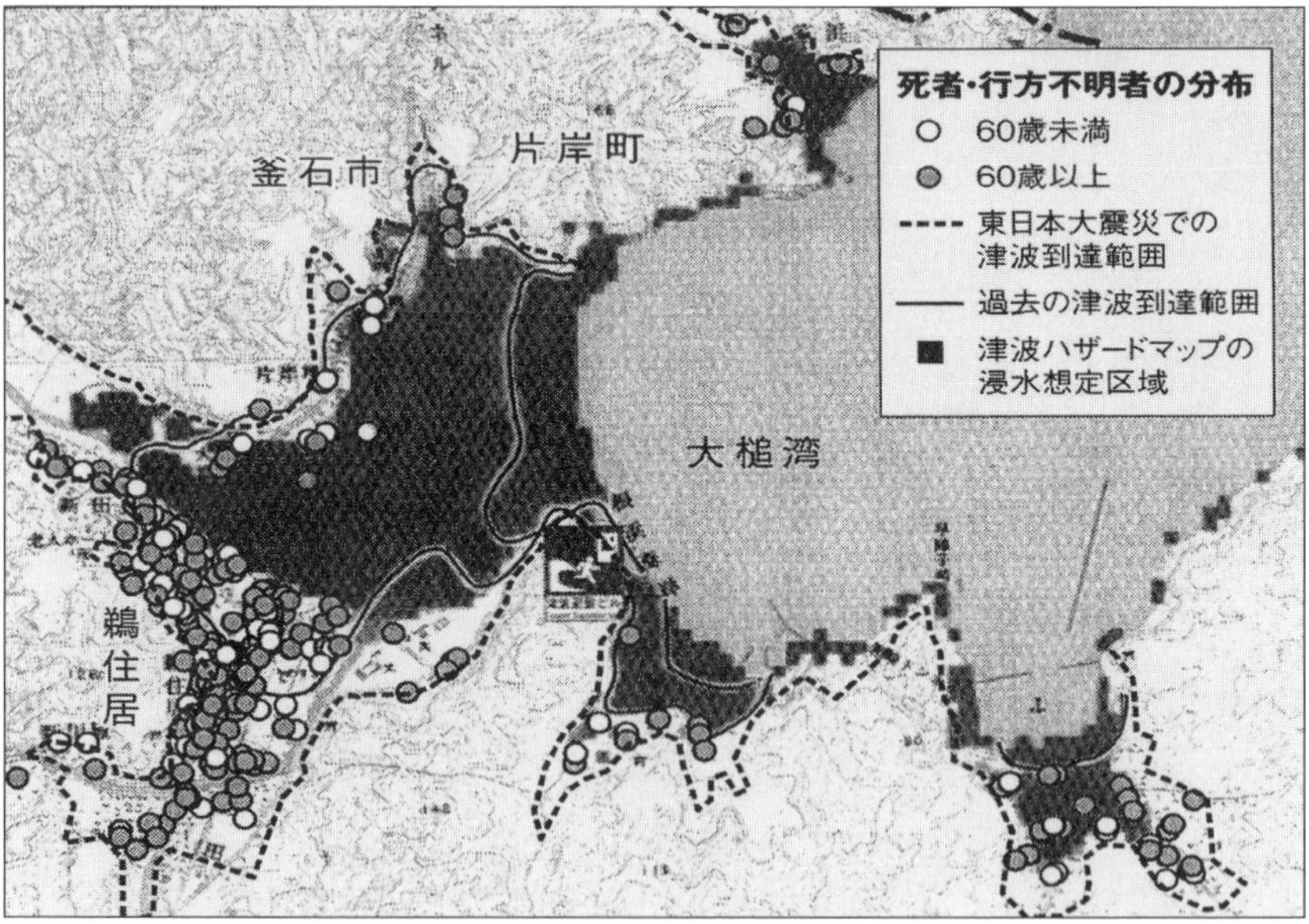

図４　大槌湾周辺のハザードマップと犠牲者の位置（釜石市・片田敏孝教授作成）

ています。これらの地域の人々が逃げなかったこと、あるいは逃げ遅れたことが恐ろしいほどはっきりと表れています。ハザードマップを過信し、正常性バイアスが解けないままに津波に襲われてしまったのです。死者、行方不明者は、およそ１０００人に上っています。

これに対して、片田教授が繰り返し防災教育を行ってきた小学生１９２７人、中学生９９９人のうち、津波が押し寄せたときに学校管理下にあった児童、生徒は、全員が無事だったそうです。学校の管理下にはない子どもたち５人が、亡くなっています。

中でも最も素晴らしい避難を

行ったのが、釜石東中学校の生徒たちでした。この学校は、ハザードマップの津波到来地域の外にありながら、実際に津波に襲われたところでした。

津波が到来したとき、ある先生が「逃げろ！」と叫んだのを聞いて、最初にサッカー部員たちが駆け出した。グラウンドに出ると地割れが起こっていたそうです。生徒たちは、「津波が来るぞ！　逃げるぞ！」と叫んで走り出しました。

すぐ隣に、鵜住居（うのすまい）小学校がありました。ハザードマップで津波が来ないとされていた地域なので、教員たちは子どもたちを3階に誘導していました。釜石東中学校のサッカー部員たちは、この前を走り過ぎるときにも「津波が来るぞ！　逃げるぞ！」と叫びました。

この小・中学校は、普段から合同で避難訓練を行っていたため、小学校の子どもたちは中学生たちが走っていくのを見て、3階から降りてこの後に続きました。およそ600人の子どもたちが、800メートル離れたところにある「ございしょの里」に向かいました。

周りの大人たちも、これに従い出しました。この地域では、津波のことに一番詳しいのは中学生だという認識が広まっており、その中学生たちが走っているのを見たからです。近くに鵜住居保育園がありましたが、保育士さんたちが子どもを抱えたり、ベビーカーに乗せたりして避難を開始。それを見つけた中学生たちが、さらに子どもを抱え、ベビーカーを押し上げて、「ございしょの里」まで向かいました。

ところが、「ございしょの里」の裏のがけが地震で崩れかけていました。それを見た中学生が「先生、ここも危ない。もっと高いところに行こう」と提案。より高台にある「や

写真３　小・中学生が一緒に避難している様子（2011 年３月 11 日の津波襲来前に撮影）

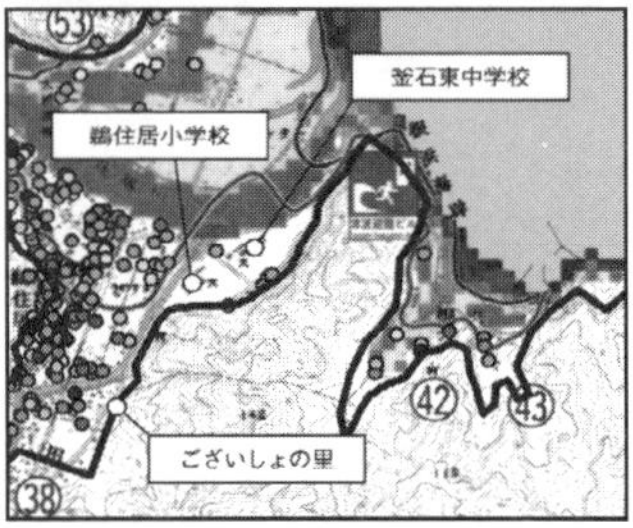

図５　釜石東中学校、鵜住居小学校の位置関係

写真４　車が３階に突き刺さった鵜住居小学校（片田敏孝教授ホームページ*より）

群馬大学災害社会工学研究室ホームページ
http://dsel.ce.gunma-u.ac.jp/index.html
片田敏孝教授
http://dsel.ce.gunma-u.ac.jp/katada/

まざき」と呼ばれる介護福祉施設を目指しました。この頃は、振り返ると津波が町に到来し始めていて、家々が呑み込まれる姿が見えたそうです。泣きじゃくる小学生も出る中で、中学生たちが手を取り、励まして、さらに高台へ移動。ここにたくさんの大人たちが、列に入ってきていましたが、中学生たちは足の悪いお年寄りたちのエスコートもしました。

こうして、「やまざき」に逃げ込んだ30秒後に、津波は「やまざき」の手前まで押し寄せてきたそうです。子どもたちは、さらに高いところにそれぞれに逃げて行きましたが、この一連の避難行動によって「やまざき」まで逃れた全員が助かりました（**写真3、図5参照**）。

ちなみに大津波は、当初3階に子どもたちが誘導された鵜住居小学校の校舎を乗り越えました。その後の写真には、車が3階の窓に食い込んでいるシーンが写っています（**写真4**）。ここにいたら、子どもも先生たちも、全員命を落としてしまったでしょう。

⑸　率先避難と最大限の努力が自分を救い、人を救う

この避難行動は、のちに「釜石の奇跡」と名付けられてテレビなどで紹介されましたが、この劇的な避難を可能とする防災教育を行った片田教授は、釜石市では1000人以上もの方が亡くなったり、行方不明になったりしていること、子どもの中からも5人が亡くなっていることを踏まえて、「自分は防災研究者として敗北した」「この言葉（釜石の奇跡）を積極的に語る気にはなれない」と語られています。しかし、片田教授の教育があって

こそ、この地域だけでも1000名以上の命が救われたことは事実です。

片田教授の教えの中には、次のようなことも含まれていました。中学生に向けて「君たちは、もう人を助ける立場だ。昼間にはお父さん、お母さんは働きに出ていて、地域にはお年寄りと小さな子どもたちしかいない。何かあったら、君たちが助けるんだ」と語りかけていたのです。

このためにこそ、釜石東中学校のサッカー部員たちは率先避難者になりました。なおかつ、生徒たちは追いついて来た小学生をかばい、保育園の子どもたちの避難を助け、足の不自由なお年寄りに寄り添ったのでした。つまり、これらのことも、あらかじめ中学生たちの心の中でシミュレートされていたのです。だから中学生が中心となり、地域全体で避難を敢行することができたのでした。まったく素晴らしい避難の実践例でした。

なお、ここで説明した避難時の三原則と釜石市での実際例については、片田教授が著書『人が死なない防災』（集英社新書）の中で詳述しています。ぜひ、この本もお手にとって読んでください。いざというときに、あなたがあなたと周りの人の命を救う可能性を高めることができます。

2-3 災害対策の見直しが問われている

避難における三原則を唱えている片田教授は、さらに大胆に災害対策の見直しをするときが来ている、と繰り返し主張されています。これも非常に重要な点です。この点を深めておきましょう。

(1) 行政が逃げろと言うまで、ただ待っていてはいけない

著書の中から、少し引用してみましょう。

これは2008年7月28日に、神戸の都賀川（とがかわ）で発生した水難事故を取り上げたものです。この川の流域で、いきなり10分間に21ミリもの雨が降りました。このことで突然、鉄砲水のように平時よりも1・34メートルも高い水が下流に押し寄せてしまいました。52人が避難したり、救助されたりしましたが、あまりに突然の流れによって逃げ遅れた人々もおり、子どもを含む5人が亡くなってしまいました。この事例に即して、片田教授はこう述べています。

「どういうときに住民は避難するのかというと、避難勧告が出たら避難する、これが日本のシステムです。防災の基本です。災害対策基本法にあるように、避難勧告が出たら、それに従って住民は逃げます。逆に、避難勧告が出なければ逃げなくてもいい。このように、行政からの情報に依拠して日本の防災は進んでいます。ところが、都賀川のような状態では、避難勧告を出せるはずがないのです。」（『人が死なない防災』p204）

片田教授が述べているのは、これまでの行政主導の災害対策から、市民一人ひとりが災害に向き合っていくべき転換点に私たちがいる、という認識です。

ただし、片田教授はこれまでの行政主導の災害対策を批判しているのではありません。

戦後直後のこの国は、戦中に山の木を乱伐してしまった影響もあって、枕崎台風のときの大洪水をはじめ、幾度も水害が発生してたくさんの方が亡くなりました。これに対して、国を挙げた対策が進められ、災害対策基本法が整備され、行政の側の取り組みが強化されてきました。

これと、あまりに光が当たっていないことですが、山里の人々が営々たる植林を続けて山を再生してくれたおかげで、山々の保水力が復活したことが相乗効果をなして、私たちの生活の安全性が増しました。

とはいっても、もともとこの国の国土は、火山活動や地震が多くて脆弱な上に、急峻な山が多く、降水量も多いため、土砂崩れなどを伴う水害が発生しやすくなっています。このため災害の発生は予知が難しく、これまでも大きな災害に見舞われることがありました。それでも、気候が同じようなパターンを繰り返している間は、これまでの災害の教訓を生かした対策が効果を発揮する場合も多くありました。

しかし、先にも述べたように、昨今、世界的規模での激しい気候変動が起こる中で、私たちが積み上げてきたこれまでの経験を大きく超える事態が頻発しているのです。そのため、端的に言って、行政がピンポイントで確実に避難勧告が出すのが、これまで以上に難しくなってしまっています。このため、避難勧告が出ないまま、激しい災害に地域が見舞われる事例が連続しているのです。

その一例が、神戸の都賀川の水害です。突然、一地域にものすごい量の雨が降って、災害が発生するこの事例は、その後に「ゲリラ豪雨」などと呼ばれるようになりましたが、このような場合に、どこになんどき災害が発生するか、とても行政が判断できるものではありません。

にもかかわらず、私たちはこれまで作り上げてきたシステムに慣れてしまっているのではないか。避難の判断は行政がすることであり、行政が逃げろと言うまで、積極的に逃げようとはしない状態ができあがってしまっているのではないか。そうではなくて、市民自らが命を守ることに、もっと積極的になるべきではないか、というのが片田教授の提言です。

(2) 災害の変容に翻弄されつつ奮闘している行政当局

災害への対策を練っている行政当局や、気象変動へ対応しようとしている気象庁などは、ここ十数年、大変な奮闘をしています。新たな事例に即して災害対策を練り直す必要に繰り返し迫られているからです。

ここ数年の間にあった事例の中から、象徴的な事例を少しピックアップしてみます。その第一は、２００９年８月９日に起こった兵庫県佐用町における水害です。この日、人口約２万人の佐用町には24時間当たり３２６・５ミリという観測史上最大の雨が降り、佐用川に濁流を作り出して護岸の一部を損壊しました。この水害で、佐用町だけで死者行方不明者20人、全半壊８棟、床上浸水７７４棟、床下浸水５７９棟、落橋14か所という甚大な被害が出ましたが、このとき、行政の側は適切な時期に避難勧告を出すことができませんでした。このことは、行政が逃げろと言うまで待っていてはいけないことを、端的に示す事態でした。

写真５　幕山沿いの町営住宅と被災現場（2009年８月13日、山口大学農学部・山本晴彦教授撮影）

こうした中で、夕方になってますます雨量が増えたため、佐用川支流の幕山川沿いの町営団地（**写真５**）に住む住人が、夜８時ごろに自主避難を決行しました。数十メートル離れた避難所に向かいましたが、道路は完全に冠水状態。避難所へと曲がる道路の脇にあった農業用の側溝（写真手前左側）が見えなくなっていました。ここに、避難所方向に曲がろうとした人々が次々と落ち込み流されて亡くなってしまったのです。この悲劇は、夜間、濁流の中で避難することが、いかに困難で危険であるかを物語るものでした。

これらの事例から、冠水した道路の危険性が繰り返し指摘されています。冠水時には、マンホールのふたが下から押し上げられて開いていることもあり、この中に落ち込んでしまう恐ろしい危険性があります。そのため、普段から道路の状態に気を配っておくと同時に、冠水時には棒などを使って道路を歩く必要があること、互いをロープで結ぶことなどが指摘されています。しかし、それよりも濁流で道路が冠水する前に避難を行った方がずっと安全性が高いので、早目の避難がそれまで以上に強調されるようになりました。

同時に、「遠くの避難所よりも近くの2階」というスローガンが登場しました。冠水した道路を歩くのは、足をすくわれることも含めて極めて危険です。それならば、避難所に赴くよりも2階に上がっていた方がよい、というわけです。事実、このときの佐用町でも2階に上がって難を逃れた方がおられました。

的確な避難勧告を発することができなかった行政への批判が集中しましたが、一方で行政がオールマイティではないことを踏まえて、情報の提供を待たずに自分で調べて情報収集することや、避難時は隣人や避難弱者に声をかけ、近隣の人々同士で助け合って難を逃れることなどが訴えられるようになりました。山村武彦さん（070ページ「心の防災袋」参照）は、これを「近助の精神」と名付けています。

ちなみに、ここで言葉の整理を行っておきたいと思います。避難「勧告」と「指示」の違いです。災害の発生やその恐れに対して、市区町村長が住民らに避難をうながすのが避難勧告です。法的拘束力はありません。これに対し、避難指示は危険区域からの立ち退きを求める拘束力の強い措置です。災害対策基本法で定められています。

⑶ 特別警報＝直ちに命を守る行動を気象庁が呼びかけ出したが

その後も各地で「観測史上最大」と言われる雨が、短期間に降り注ぐことが続き、気象庁が警戒警報の提供の仕方を大きく改め、2013年8月30日午前0時より「特別警報」の運用を始めました（図6）。

これまであったのは、「注意報」と「警報」でした。前者は「災害が起こる恐れ」を、後者は「重大な災害が起こる恐れ」を指摘するものでしたが、「特別警報」は「これまでにない災害が起こる恐れ」を指摘するものとされ、数十年に一度のレベルの大雨、暴風、高潮などが予想されるために「ただちに命を守る行動を呼びかけるもの」と設定されました。

図6　運用の仕方が大きく改められた特別警報（気象庁作成）

「警報」が発せられたら、どうしたらよいのでしょうか。念のために、明るいところに自主避難すること。これが基本です。ただし、「警報」が的確な時期に間に合わないこともあり得ます。そのために積極的に自ら情報収集し、己と家族を守る判断を下していくことが問われます。「特別警報」が出たら一刻の猶予もない、と考えて災害に対応する必要があります。

ところが、この「特別警報」の運用のあり方や、「遠くの避難所よりも近くの２階」という考え方を覆す大災害が直後に発生しました。２０１３年10月16日未明に、台風26号によってもたらされた伊豆大島災害です

このとき、伊豆大島には一日当たり８２４ミリという猛烈な雨が降りました。最も激しい1時間当たりの雨量は１２２ミリでした。何と年間降水量の約３割が一日に降ってしまった計算になります。この大雨が、三原山の火山灰地に集中し、大規模な崩落が発生しました。土砂崩れと言うより、山崩れと言った方がいいような激しい土石流が町を襲い、家々を呑み込みました。このため36人が亡くなり、３人が行方不明となってしまいました。このときは、２階への避難もまったく役に立ちませんでした。

この際も、大島町は適切な避難指示を出せていませんでした。急に雨量が増えたものの、夜間だったので躊躇したのだと言われています。確かに、夜間になってからの避難は危険でした。この場合は明るいうちに避難を呼びかけるべきでした。

このときも、大島町役場に批難が集中しました。確かに責められる点もありました。しかし大島町は、三原山の噴火と津波にはかなりの対策を重ねてきてもいたのでした。その上に、あれだけの山崩れの発生が予見できなかったのは、やむを得ない面もあった

のではないかと思えます。

これらの教訓から、各地の行政としては、あらゆる想定外の災害が発生し得ることを考えて、早目の避難を勧告する以外ありません。その場合、多くが「空振り」になると思われますが、それ以外に打つ手なしだと言わざるを得ないのです。このため、どうか避難勧告が「空振り」になったとしても、行政の方を責めないでいただきたいと思います。また、「空振り」の経験から正常性バイアスを強めてしまうことをせず、「もしかして」「万が一」の観点を大事にして、何度でも早目の避難を行ってください。

さて、この伊豆大島の大災害のときに、気象庁は特別警報を発することができたのでしょうか。残念ながら発せられませんでした。大島町民は、一月ほど前に運用が開始された新しい警戒警報を耳にせずに、大災害に見舞われたのでした。これは、システムの問題でもありました。「特別警報」は、ある程度の広域に出すものと設定されていて、大島町のような島嶼(とうしょ)部など、狭い地域にピンポイントで発するようには設定されていなかったのです。

そのため、大島町民が受けたのは「警報」までしたが、この場合、「特別警報」の存在が悪い方に作用してしまった可能性があります。「特別警報」＝「ただちに命を守る行動を呼びかける」とされているため、特別警報が出ていなければ「ただちに命を守る行動」までが求められてはいない、とも取れてしまうからです。

このため、この災害の直後にＴＶに出演した気象予報士の方が、目に涙をいっぱいためながら、「警報の段階でも命の危機が迫ってきています。特別警報が出なければ命の危機はないとは、決して思わないでください」と述べていたことが、印象的でした。

これらが示しているのは、命に関わる危機の到来の把握と伝え方の難しさです。繰り返しますが、気候変動を根拠として、これまでの経験がやすやすと越えられてしまう事態、今までに経験したことのないような猛烈な集中豪雨が一地域を襲い、大規模な土砂崩れや川の決壊、洪水が起こる事態が頻発しています。しかも、降り始めから災害の発生までの時間が短くなっています。それだけに、行政に的確な避難勧告や指示を出すことを期待すること自体に、大きな無理が生じています。

もちろん、各地の行政の方たちは、これらの全国で起きたさまざまな事例から教訓を引き出し、最も理想的なタイミングで避難勧告や指示が発令できるように努力しておられると思います。その試みは、ぜひ継続していただきたいです。その力と結合しつつ、市民の側が、自助の精神で自主的に避難できる判断力と行動力を身に付けることの重要性を、ここでつかみ取っていただきたいのです。

(4) 都市形成の構造的問題が浮上している

大規模災害の発生例は、残念ながら、その後にさらに更新されてしまいました。2014年8月20日に起こった広島土砂災害です。このときは、わずか3時間余りの間に、1時間当たり100ミリ前後の雨が集中的に降ったことで、広島市の安佐北区可部（かべ）、安佐南区八木・山本・緑井などの住宅地後背の山が広範に崩れ、幾筋もの土石流が発生。74人の方が亡くなる大惨事になりました。過去30年間の自然災害で、最大の死者数でした。

このときに流れた、自動車よりも大きいものを含んだ土石流は、スピードが非常に早く、最大で時速１４４キロ、遅くても36キロぐらいだったと記録されています。

わずか３時間の集中豪雨で、これだけの土砂崩れが起こった背景には、この年は広島を含む西日本一帯で降雨が多く、このときまでにすでに月間降雨量の２倍の降水量が降っていて、地盤が緩んでいたことがありました。このため、わずか約３時間の集中豪雨で、あれだけの大規模な災害に至ったのでした。

このときも行政は、避難勧告を土石流の発生までに出せませんでした。ようやく出せたのは、土石流が発生した後の午前4時半でした。またこのときも、気象庁は「特別警報」を発しませんでした。理由は「府県程度の広がりを持つ被害で、さらに降り続く恐れがある」という特別警報発令の基準に該当していなかったからだ、と発表されましたが、その後に運用の改善を求める声が高まっています。

こうした点も大きな問題でしたが、一方で広島土砂災害に対しては、そもそもの広島市の都市計画に構造的矛盾があった、とする踏みこんだ批判もなされました。というのは、災害が発生した地域は、いずれも過去にも土石流が発生した場所だったからです。地盤も真砂土（まさつち）という砂状の脆（もろ）いものであり、ここに家を建てて分譲したこと自体が間違いだ、と言うのです。

例えば、京大防災研究所斜面災害研究センター長・釜井俊孝教授は、東京新聞の紙面で「谷筋の土石流の出口にわざわざ家を建てているのは問題。市街化区域についても、土砂が流れる恐れがある場所をどうして指定したのか」と発言しています。

しかし全国を調べてみると、同じように急激な都市化によって、危険地帯に家が建っている例が他にもたくさんあるのです。内閣府の調査では、53万か所と言われています。このうち最も多いのが、広島県の3万2000ですが、いずれにせよ、これは私たちの都市生活が抱えている根本矛盾であると言えます。

もう何度目かの指摘になりますが、私たちは今、このような危険な乱開発による都市開発を重ねてきた上で、気候変動に直面しているのです。だからこそ、問題は深刻です。深刻だからこそ、私たち一人ひとりの災害に対する能動性を高めていく必要があるのです。

都市の構造的な問題に対しては、どうしたらよいのか。まずは、自らの住まわれている地域が安全地帯か否かを調べることが大事です。そのために過去の事例を調べてみること、土石流や洪水は発生しやすいところと、しにくいところがあるので、歴史を遡って災害が発生していたことが分かれば、同じ危険性があることが分かります。その上で、土木的対処など、行政による対応がなされてきたのか。なされたなら、その評価はどうか。また、その後に災害は起こっていないか、などを調べます。

また、できるだけこうした作業を地域の人々とともに行い、危険地帯であることが分かった場合、早目の避難を行うことを申し合わせ、いざというときに助け合う約束＝災害協定を結んでおくのです。

それでも、まったく判断できないままに時速144キロもの土石流に襲われて、助からないことがあるかもしれません。それでも、こうした対応をしているのと、していないのとでは、命の助かる可能性に格段の開きができます。このようにして、現代の都市の抱える構造的脆弱性に目覚め、私たちの能動性を掘り起こしていくことが必要です。

(5) 警鐘『首都沈没』東京は世界一危険な都市

広島の土砂災害から、防災の観点から見た現代の都市生活の構造的問題に話を広げてきましたが、この観点から見たときに、実は東京は世界一危険な都市であると指摘されていること、東京だけでなく、名古屋、大阪なども、主に水害の観点から危険性が指摘されていることを、ここで押さえていきたいと思います。

ここで掲げた「警鐘『首都沈没』 東京は世界一危ない都市」というタイトルは、2014年9月7日付の東京新聞の記事に付けられたものです。東京における水害の絶大な危険性を訴えた記事です。

このことは、川の専門家の間では「常識」に類することでもあります。利根川の巨大な連続堤防（スーパー堤防）が大変な量の水を溜めこんでしまっており、一度、堤防が決壊した場合に、壊滅的な被害が出ることが指摘され続けているからです。

東京新聞の記事で取り上げられているのは、元東京都職員の土木専門家の土屋信行さんです。土屋さんは、スイスの保険会社がまとめた「自然災害リスクが高い都市ランキング」を引用し、首都圏が「洪水、嵐、高潮、地震、津波で、五千七百万人が影響を受ける」と想定されていることを紹介して警鐘を鳴らし、『首都沈没』（文春新書）という本を出版されました。東京新聞の同記事を少し引用しましょう。

関東平野は山に囲まれ、北西の山裾から南東方向に緩く傾斜し、東京湾に向かっている。「つまり、洪水が起きたら水が集まる場所に首都東京がある」。最大の危険地域は海抜ゼロメートル地帯。明治以降、工業用水の確保と地下の天然ガス採取のため、大量の地下水が汲み上げられ、猛烈な勢いで地盤が沈下。干潮時のゼロメートル地帯は江戸川区、葛飾区、江東区、墨田区、満潮時は足立、北区、荒川区、台東区にまで及ぶ。

（中略）

土屋氏は、「日本を攻撃するのに、軍隊も核兵器も必要ない。無人機が一機、大潮の満潮時にゼロメートル地帯の堤防を一カ所破壊すれば、日本は機能を失う」と警告する。

（沢田千秋記者）

土屋氏が、こう指摘するほどの危険に満ちているために、スイスの保険会社の調査でも、東京と横浜がセットで全世界の都市の危険ランキングトップに挙げられているのですが、先にも指摘したように、トップテンの中には他にも大阪・神戸、名古屋という日本の五大都市が入っています。以下にランキングを示します（なお、東京・横浜、大阪・神戸は同率ではなく、一つの都市圏としてとらえられています）。

1位　東京・横浜（日本）
2位　マニラ（フィリピン）
3位　珠江デルタ（中国）
4位　大阪・神戸（日本）
5位　ジャカルタ（インドネシア）
6位　名古屋（日本）
7位　コルカタ（インド）
8位　上海・黄浦江（中国）
9位　ロサンゼルス（アメリカ）
10位　テヘラン（イラン）

ここには、日本の近代化の中での安全性を無視した無理な都市化が行われてきた矛盾が大きく表れています。それが、この間の気候変動の中で何度も表面化してきていることを、私たちはつかんでおくべきです。

(6) 東京の歴史を振り返る

東京について、再度考察していきましょう。紹介した記事の抜粋の中に、東京が「洪水が起きたら水が集まる場所」にあることが書かれていましたが、実はこうした場所に東京という大きな都市ができたことには、歴史的背景があります。

というのは、記事にあるように、東京はもともと洪水の巣とでも言えるような場所で、巨大都市の構築には向かないところだったのです。では、誰がここに都市を築いたのかと言えば、徳川家による江戸の整備が始まりです。

ご存知のように、徳川家を開いた徳川家康は、豊臣秀吉の一番のライバルでした。戦国時代末期に秀吉と和睦し、戦国の終焉を目指しました。このとき、秀吉は、現在の愛知県岡崎市や静岡県浜松市に至る遠江（遠州）を拠点としていた家康を国替えさせ、関東平野の関八州に封じました。

実は、戦国武将の多くは治水・利水に長けており、中でも秀吉は治水・利水の天才とも言うべき人物でした。織田信長が本能寺で討たれたときには、中国地方で毛利勢と相対しており、敵方の城を水攻めにしていました。

そもそも治水と利水は、領土を安定させるとともに、軍事力のベースになる石高を上げることに寄与するし、その上、軍事技術として攻城戦にも適用できる当代最新のテクノロジーでした。秀吉はこの知恵を使い、家康が治水に翻弄されて自分に対抗できる力を持てないように、と関八州を与えたのでした。

以降、徳川家は、この洪水の巣を度重なる土木工事によって、人が安定的に住める地に変えていったのですが、最も大規模なものは家臣の伊奈家による何代にも及んだ利根川の大改修工事でした。というのは、それまでの利根川は、江戸湾＝現在の東京湾に注ぎ込んでいたのでした。それを、大改修を行って東に方向を変え、銚子岬までひっぱっていったのです。その際、かつての利根川の名残りとなったのが荒川放水路でした。

この利根川の付け替えには、複数の目的がありました。最も大きいのは、江戸を洪水から守ることでした。二つ目に、利水を発達させ、大規模に新田を開発することでした。さらに、新しくできた川を水路として活用することが目指されました。江戸には米どころの日本海側から米を流通していましたが、船で銚子まで運んで、底の浅い高瀬舟や平田船に荷を乗せ換えて利根川に入り、荒川を経て江戸に至ることができるようになりました。後年に、廻船航路が開発され、危険な房総半島沖をまわる大量輸送ルートもできましたが、利根川の舟運は、これと併用される形でますます栄えていきました。

その上、改修された利根川は、江戸時代に大きな勢力を保っていた、現代の仙台市を地盤とする伊達藩を仮想敵とした、江戸城防衛のための大外堀としての位置をも持っていました。

このように利根川の大改修工事は、江戸の町の長きに亘る発展の大きな礎となるものでした。ところが、この利根川の位置性が、明治維新以降に大きく変わっていきます。

(7) 近代治水思想の限界

最もインパクトが強かったのは、西洋近代技術の導入でした。中でも鉄道の発達は、非常に大きな意味を持っていました。このために、河川管理は二つの点で大変容を被っていきました。

一つには、江戸時代まで主流であった自然と調和し、共存していく技術体系が批判され、西洋式の自然を支配する技術体系に置き換えられていったことでした。

川について言えば、江戸時代までは川は洪水を起こすものであり、いかに洪水の影響を和らげるのかが治水の目的とされました。そのため堤防の決壊という最悪の事態を招く前に、あらかじめ決めていた場所から越流（えつりゅう）*させ、威力を削ぐ管理方法が多くの地域でとられていました。

洪水の際、恐ろしいのは水の勢いと生活圏に流入する泥だと言われます。そのため、あらかじめ設けられた越流地点には防水林が設けられ、水の勢いを減じると同時に、林の中に泥が落ちる仕組みが設けられていました。

また水が越流して堤防を越えると、さらにまた違う堤防が出てくるようになっていたり、越流した水が上流方向に誘われるようになっているなど、水を溢れさせた上で、徐々に力を削いでいく多様な方法がとられていました。

画期的だったのは、これらの管理が多くの場合、地域に任されていたことでした。地域では庄屋を中心とした寄り合いで、あらかじめ決めた越流地点から生じる被害を、いかに補てんしていくのかの話し合いなども行われていました。結論が出るまで、寝ずに討論し続けるなどのユニークな仕組みを設けることで、全員一致まで討論が行われているところが多くあり、その結果、河川の地域による管理が可能となっていました。

ところが、西洋のテクノロジーは、自然を制覇する志向性を持っていました。また、西洋の治水・利水技術は、日本と条件がまったく異なるヨーロッパで生まれたものでした。ライン川などのように、緩やかな傾斜が長く続いていて、日本の急流から比べればずっと緩い中で培われた技術体系だったのです。にもかかわらず、西洋コンプレックス

越流
洪水時などに河川や水路で、水量調節の目的で、あらかじめ低く、頑丈なつくりにしておいた堤防の一部から水を放流すること。溢流堤は、一定水位以上になると越流させ、その水を貯水池や遊水池にたくわえた堤。

に染まった明治期の日本は、これを直輸入してしまいました。そのために起こったのは、洪水に対して、適度に越流させてエネルギーを分散させて凌いでいくという発想から、巨大な堤防を築いて洪水を押しとどめる方向性への大転換でした。

そのことで、どうなったのか。洪水を抑え込む堤防を作ったものの、やがて「想定外」の洪水に襲われ、堤防決壊という大惨事が起きました。すると、堤防をさらに巨大化させて洪水を抑え込む方法がとられました。そうすると水量が多くなるので、より大きな洪水が起きました。すると、さらに堤防をかさ上げしました。これを繰り返した結果、利根川は、どんどんたくさんの流量を抱え込むようになり、決壊したときの洪水の規模が大きくなるばかりでした。

堤防のかさ上げを促進してしまったのが、鉄道輸送の発達による廻船や高瀬舟などで作られていた輸送システムの後退でもありました。川を水運に利用しているときは、河岸に多くの物流拠点が設けられていたこと、また土木技術が未発達だったこともあって、巨大堤防を作ることは江戸時代には考えられもしなかったのでした。

ところが、その後、鉄道輸送など陸路の発達の中で、江戸時代には禁止されていた橋が盛んに架けられるようになり、水運利用としての川の位置性が落ちてしまいました。このため、江戸時代以来の利水の歴史は残しつつも、利根川はその後も、ますます堤防のかさ上げの繰り返しで大きな流量を抱え込むことになり、一度決壊したら、とんでもない災害をもたらす連続堤防を作り出すに至ってしまったのです。

このため、かつてない規模の水が利根川を流れており、しかもテクノロジーそのものが「決壊はあってはならない」とする封じ込め型の発想なので、堤防が破堤したときの対策がないのです。破堤は「あってはならないこと」とされており、だから一度発生すれば大惨事に発展してしまいます。

これに、明治から昭和へと規模を拡大していった工業化が加わり、膨大な地下水が汲み上げられて、東京湾岸の広い地域の地盤が沈下し、ゼロメートル地帯*が拡大したことも危険性を広げてきました。

ところが、こうした近代テクノロジー採用下での新たなリスクは、常にいつかテクノロジー自体が進化し、乗り越えられるものとしてのみ想定されて、リスクを十分に考慮することのない開発に拍車がかけられてきてしまいました。これもまた、「科学信仰」とも言うべき近代テクノロジーの大きな欠陥だと言えます。生産力を上げさえすれば、今、解決できないこともいつか解決できるようになる、リスクは技術革新によって越えられる、と安易に考えて、常に問題を次世代に先送りしてきてしまったのです。それを、もともと自然災害の多いこの国で行ってきてしまったのでした。

このため、例えば南海トラフ地震が起こった場合、浜岡原発の被害を除いても最大で死者32万3000人、倒壊家屋238万6000棟という甚大な被害が予想される都市群のあり方を私たちの社会は築いてきてしまっています。だからこそ東京、横浜、名古屋、大阪、神戸が、世界の最も危険な都市ランキングのトップテンに入ってしまっているのです。それは自然現象なのではなく、私たちの社会の歩みの帰結です。

そして、こうした誤った発想の最も顕著なものが、言うまでもなく原子力開発におけ

ゼロメートル地帯

099ページの東京新聞の引用記事にもあるが、地盤高が満潮時の潮位を下回る地帯、いわゆる海抜ゼロメートル地帯。東京都の場合、23区面積のうち、満潮面以上の地盤高であるものの、5メートルの高潮の脅威にさらされる地域が全体の41％、そのうち満潮面2メートル以下は20％、干潮面0メートル以下は5・1％の面積を占める。（出典：東京都建設局河川部「東京の低地河川事業」平成13年版より）

る安全性の誇張です。事故による巨大なリスクも、確定できない核廃棄物の超長期にわたる処理のリスクも真剣に見据えようとしない、自分に都合の悪いことを無視して考える、このあまりに歪み切った発想を大きく転換すべきときが、今です。

⑻ 民衆の能動性の発揮こそが問われている

自然災害を受け流すのではなく、技術的に押さえ込もうとする近代思想の限界、その日本的表れについて見てきましたが、同時にこの発想が、巨大システムの一元管理に寄りかかっている点にもあること。この限界を超えるためにも、民衆の側からの能動性の発揮が問われているのだという点を、この章の最後に考察しておきたいと思います。

川の管理において、水流を堤防の中に押し込めるのではなく、任意の地点で越流させ、受け流していたあり方、これを地域ごとの自治的な取り組みで行っていたあり方から、明治以降に巨大な堤防を作って氾濫を押し込めていく方向性に転換していったとき、これに連動して大きく転換していったのが川を管理する主体の変化でした。端的に、流域住民から地域を治める官僚の手へ、さらには国家官僚の手へと管理主体が移っていきました。このため、現在ではいわゆる一級河川は国交省の管轄となっていて、都道府県などの地方自治体ですら管理に関わる権限がありません。

同時に、管理システムも巨大化し、膨大な数の流域住民は、ただ国家官僚に安全を保障してもらうだけの存在になってしまいました。国家統制が強くなることと、自治力が弱くなることが伴っていたのです。ここには、知性に優れた少数官僚が、全体を指導すれば最もよい方向が選択されるはずだという、明治以来この国が採ってきた国家観の影響がありました。

このため、かつては地域ごとに川の管理に関わり、起こるべき被害をどうカバーし合うのかを話し合う寄り合いに参加していた住民が、意見を述べる場もなければ、負うべき責任も持たない傍観者の位置におかれてしまいました。

こうした政策の積み重ねの中で、多くの住民、市民は、町の安全に関わる能動性や自らの命を自ら守る主体性を失ってきてしまったのです。

現代は、ここからもう一度、住民、市民が能動性を取り戻していく時代です。まさにその点でも、災害対策のあり方の見直しが問われているのです。

そもそも、激しく変化する気候条件の中で、中央官庁が一元的に「命を守る行動を呼びかける」システムそのものに無理があります。これでは、ごく少数の中央官僚の判断ミスで、膨大な人々が被災してしまうことになり兼ねないからです。

事実、たくさんの死者を出した伊豆大島災害においても、広島土砂災害においても、「ただちに命を守る行動を呼びかける」ものとされる特別警報は、発令されませんでした。「ただちに命を守る行動」が、まさに求められていたにもかかわらずです。

実際には、現場でなければ判断しようのないことはたくさんあるのです。あるいは、そもそも災害の予測事態が困難な事例がたくさんあることを、住民、市民がしっかりと知り、だから危機が迫る前に自ら判断して動くことの重要性をつかんで、おかみ＝官僚に頼らないあり方をこそ、各地で根付かせていくべきなのです。

それは、民主主義を能動的に実現していくこと、ラディカルなデモクラシーを発揚していくこととも同義です。災害対策の見直しには、こうした私たちの社会のあり方の変革が大きく含まれることを見据えておきましょう。

第3章

原発災害への対処法

3-1 原発災害を想定したシミュレーションを

さて、いよいよここから原発災害に対する話に入っていきましょう。と言っても、これまで災害一般について語ってきたことを原発災害に適用したのが、ここからの展開になります。

ちなみに、ここから取り扱うのは、正確には原子力災害への対処法です。青森県六ケ所村の再処理施設のような原子力発電所以外の核施設の事故のことも含みます。にもかかわらず、ここで「原発災害」と使っているのは、「原子力災害対策」という言葉が、行政用語のように響くことを慮(おもんぱか)ってのことです。そのため、本書における「原発災害」には、あらゆる核施設の災害が含まれていることを踏まえておいてください。

原発災害の際も、これまで見てきた事例とまったく同じように、「正常性バイアス」「集団同調性バイアス」「パニック過大評価バイアス」が色濃くかかってしまいがちです。放射能は見えないし、多くの人は俄(にわか)には感じないので、より一層正常性バイアスが働きやすい側面があります。

そのために大事なのは、ここでも事前の避難訓練ですが、この場合もまずは学習から始まります。一つに、原発事故とはどのようなものか特徴をつかむ、二つに、事故が起こったらどうするのかをシミュレートしておく、三つ目に、放射線とはどのようなものか、いかに被曝を避けるのかをつかんでおくことです。

(1) シミュレーションの種類

原発事故とはどのようなものなのか、あるいはどこまで拡大し得るものなのかについては、冒頭で「近藤シナリオ」などを紹介した際に検討しましたので、ここでは二番目の「事故が起こったらどうするのか」を中心に考えていきたいと思います。また、この中で避難の観点から見た原発事故の特徴にも触れたいと思います。

原発事故においても、最も大事なことは、「とっとと逃げる」ことです。そのため、あらかじめシミュレートしておくことが大事なわけですが、あらかじめ概念化しておくと、この場合のシミュレーションを「パーソナルシミュレーション」と呼びます。それぞれの個人や家庭、友人、知人などとの間で、私的に行うシミュレーションです。

シミュレーションには、この他に、行政が設定するパブリックシミュレーションがあります。また地域、学校、職場で設定するエリア、スクール、ワーキングプレイスシミュレーションがあります。この他、特に重視していただきたいのは、避難弱者を対象としたチャレンジド*シミュレーションです。

まず、ここではパーソナルシミュレーションを軸に、考えを構築していきたいと思い

チャレンジド
「ハンディキャプト」「ディスエイブルパーソン」などのマイナス・イメージを強調する言葉に代えて、アメリカで使われている「障がいを持つ人」「障がいのある人」を表す言葉。

ます。私人としてのあなたが、どう家族や友人と避難をするかです。その上で、少しずつ枠を拡大することができます。例えば、隣人はどうするのか。近くに住むご老人は、どうするのか。こうなると、シミュレーションはエリアシミュレーションへと拡大をはじめ、そこに地域の自治体が入ってくると、パブリックシミュレーションへと近づきます。

まずはパーソナルシミュレーションを作った上で、可能であれば地域へ、職場へ、学校へとシミュレーションを広げて欲しいと思います。

(2) 避難は原発からどれくらいの距離ですべきか

まず問題は、事故の際、原発からどれくらい離れていたら、逃げ出さなくてはならないかです。実は、原発事故が最悪の場合は、どこまでも放射能を運んでしまうことを考えると、この問いに明確な答えの出しようがありません。これも、原発事故のやっかいさの一つでもあります。

もちろん、政府ですら避難を検討せよ、と言っている半径30キロメートル圏内なら、とにかく一目散に逃げ出さなければならないことは明白ですが、それよりさらに遠くに住んでいる場合ではどうでしょうか。

この点で参考になるのは、福島原発事故直後のアメリカとフランスの在日自国民への対応です。どちらの国も、日本より多くの原発を持ち、核兵器も所有している超核開発国で、放射線被曝に対する知識も豊富だからです。

アメリカの場合は、どうしたのか。福島原発から半径80キロメートル圏を危険地帯とし、自国民に退去を指示しました。その後、２０１１年11月まで、在日アメリカ国民に、この地域に入ることを法的に禁じていました。ちなみに、東北新幹線はこのエリア内を通過しているので、在日アメリカ人は、法的には新幹線にすら乗れない状態が続いていたのでした。

フランスの場合は、もっと徹底していました。事故直後に、フランス大使館が「放射線物質を含んだ風が東京に飛んできている可能性が高いので、直ちにフランスに帰国するか東京から離れた方がいい」と勧告。帰国者のための専用機も用意しました。

このため事故後、新幹線が動き出すと、車内はたくさんのフランス人家族で占められていた、と言います。多くの人が目撃談を語っています。

半径80キロメートル圏と設定したアメリカと、東京からも避難した方がよいと勧告したフランスの判断の違いは、どこにあったのでしょうか。明示的な裏付けはありませんが、推測されるのは、アメリカがたくさんの在日米軍基地を抱えており、フランスのように東京からの避難や国外退去を勧告できなかった、と思われることです。

ただし、横須賀の米軍艦船も、難を逃れるために、次々と出航したことも報告されています。放射能が検出されたために、緊急脱出したのです。

放射能の飛来は、実際にはどうだったのかと言うと、東京どころか中部日本にまで及んでいました。東京には放射性ヨウ素も流れて来て、浄水場が汚染され、水道水の一部から放射性ヨウ素が検出されました。

また、「近藤シナリオ」（020ページ参照）で明らかなように、事故直後はまさに4号機が大変な危機に陥っていて、膨大な放射能が飛散し、この4号機からの放出だけで半径170キロメートル圏が、強制移住地域になる寸前だったのですから、フランス大使館の判断は間違っていなかった、と言えます。

これらのことから、論理上、被害はどこまでも広がることがあり得ますが、最低でもアメリカが設定した80キロメートル圏、もっと広く考えるならば「近藤シナリオ」による約250キロメートル圏のラインが、当初の脱出ラインではないでしょうか。もちろん、もっと遠くでも危険だ、という判断も成立します。この点は、それぞれで判断していただければと思います。

もう一つ、押さえておきたいのは、原発事故との遭遇は、風水害と比べるならば大変まれなことだ、という点です。願わくはこの先、人類の誰もが遭遇して欲しくないものですし、各国政府が直ちに原発の使用を止め、燃料プールの核燃料を安全な状態に移せば、それも可能かもしれないものです。

つまり、原発事故に遭遇することは、頻繁にはないことだ、という点に注目して、万が一のときは、たとえ「空振り」になってでも、できるだけ当該原発から遠くに離れよう、ということです。そして、十分に遠くまで離れてから原発の様子を観察し、危険がないようだったら戻ればよいのです。ただしこのときも、帰りたい気持ちから、正常性バイアスに舞い戻り、危険を危険と見なさなくなることもあるので要注意です。

台風到来のたびに、最大限の避難行動をとるのは生活的に難しいでしょうが、繰り返しますが、原発事故の場合は一生に一度あるかないかぐらいのことと考え、いざというときは大袈裟だと思えても、最大級の退避行動をとった方が無難です。それが原発災害の、風水害とは大きく違った側面であることを踏まえておいてください。

(3) 個人ないし家族で決めておくべきこと

さて続いて、事故に際して、まずはあなたが、あるいは家族がどうするかです。決めておくべきことは、どこにどのように逃げるかですが、最も有効なのは、あらかじめ避難先を決めておくことです。遠く離れた親戚や友人、知人と約束をしておくのが、ベターです。

それも、何かあったときは、相互の家を避難先にするようにしておくとよい。つまり、個人間で防災協定を結んでおくのです。これは、災害心理学などでも勧められていることです。

これまで述べてきたように、この国は、いつ何時、どのような自然災害に襲われるかも分からない状況にあります。東日本大震災のような、大災害の発生もあり得ます。東海地震や南海トラフ地震、あるいは首都直下型地震の可能性も、繰り返し語られています。そうした、あらゆる災害に備えて協定を結んでおくのです。そうすると、自分が被災していなくても、相手が何らかの災害に被災した場合は、直ちに受け入れ体制を作ることもできるので、相互の安全性が高まります。この協定を、できれば複数結んでおくとよいです。

単身の方なら、すぐにもそこに向かえばいいわけですが、家族の場合はそこを落ち合う場所、また連絡を交換し合う場所にすることができます。

災害発生時に、自らの安全を確保した上で、すぐに気になるのは家族や親しい方の安否です。災害時には、通話が集中することもあって、電話がつながりにくくなるため、連絡が取りにくくなることも、これを促進します。メールは比較的つながりやすいですが、相手がメールを見られる環境にいるとは限らず、やはり連絡が取れないこともあります。

また、福島第一原発事故のように大地震、大津波と連動していると、家族が巻き込まれてけがをしたり、亡くなったりしてしまって連絡を取りようがない場合もあり、なかなか安否が確認できず、捜さざるを得ない気持ちになり、自らの避難にも躊躇してしまう場合があります。

この点で大変参考になるのは、三陸海岸で言い伝えられてきた「命てんでんこ」という言葉です。「津波が来たら、てんでんばらばらに逃げろ、それが最もたくさんの命を救う」という名言です。最近になって、「津波てんでんこ」とも言われるようになり、釜石の小中学生たちにも繰り返し教えられていました。

三陸海岸では、実際にも多くの町々で、津波が来た際に避難すべき高台が決めてあって、それぞれが一目散にそこを目指すことにしていました。そうでないと、家族を迎えに行った人が、津波に巻き込まれてしまう可能性が高いからです。特に小さな子どもを持った親の場合、こうした取り決めがないと―この場合は、預かり施設が子どもと共に一目散に安全な場所を目指すということですが―、高い確率で子どものいるであろう場所に向かうことになります。そのため、あらかじめ安全な逃げ先を決めておき、それぞれがそこを目指すことにしているのです。たくさんの命を全体として最も効率よく守る知恵だ、と言えます。

原発災害からの避難の場合も同じことが言えますが、自力で他県まで行ける子どもには、あらかじめ避難先の連絡先を渡しておいて合流することも可能なものの、そうでない場合は、逃げ出すに当たっての、まずもっての合流地点も決めておく必要があります。あるいは、園児のいる家庭で夫婦が揃っているなら、どちらが子どもを迎えに行くかなど、それぞれでできるだけリアルな取り決めを交わしておくとよいです。シングルで子育てしていて、しかも複数の子どもがいる場合は、あらかじめ友人や隣人と、災害に遭ったときのことを約束しておくとよいです。

なお、大きいお子さん、特に高校生の場合は、家族よりも友人や恋人とのつながりを重視する場合もありますので、平時から、いざとなったらどうするのかを話し合っておいていただきたいです。

実際に、福島原発事故で、福島県から多くの人が逃げ出したときに、中学生ぐらいまでの子どもは親に付いて来てくれましたが、高校生の中には、頑として避難することを受け付けずに残ってしまった例もたくさんありました。大人たちが生み出した原発事故の理不尽さへの抗議であったようにも思え、何とも胸が痛むのですが、ともあれ踏まえておくべきことは、だんだん大人への歩みを強めているこの世代には、家族以外に分かちがたい結びつきができている場合が多いことです。このことを十分に配慮し、例えば「いざとなったら、家族と一緒でなくてもよいから、恋人とできるだけ遠くに逃げてくれ……」などと話し合っておくとよいです。若い人々ほど、放射線への感受性が強く、より早く逃げて欲しいので、ぜひ年頃のお子さんをお持ちの方は、この点も話し合っておいてください。

⑷ 持ち出すものを決めておく

次に大事なのは、いざというときに持ち出すものを決めておくことです。ただし防災グッズであるとか、預金通帳など、一般の災害対策で説かれていることを前提として、自分にとって一番大事なものを持ち出すことを考えてください。

この点で参考になるのは、ある国連職員の例です。彼女は、政情不安定な国に派遣されていて、内戦が激化したため、国連本部が事務所からの撤退を判断しました。このとき、彼女は咄嗟にお気に入りの服をバッグに詰めて、逃げ出したのだそうです。そうして逃げた先で、とても後悔した。服なら、似たものを買い戻すことができるからです。そうではなくて、お金で買えないもの、彼女だったら、地元の方々と交わした手紙や調査レポートなどを持ち出した方がよかったのです。

なぜ、そうしなかったのか。彼女は自分を振り返って、こう述懐しました。「人間は、そこを急きょ立ち去るときに、そこにもう戻れないとは、思いたくないものなのだ」と。これも、ある種の正常性バイアスの一つであるとも言えますが、だからこそ「避難するときは、そこに二度と帰れないと考えた方がよい。その方が一番大事なものを持ち出せる」と、彼女は教えてくれました。

実際にも、福島原発事故において強制移住の対象になった多くの人々が、この悲哀を味わいました。このときは、政府の側がすぐに帰れるような口調で避難を指示したことにも大きな問題がありますが、いずれにせよ教訓化すべきことは、放射能汚染を伴う原発事故では俄(にわか)に家に戻れないことも十分にあり得る、ということです。

福島の方たちの場合、大事なものを持ち出せなかったので、放射性物質の体内への取り込み＝内部被曝を避けるタイベックスーツを着込み、外部被曝は覚悟の上で数時間の滞在と決めて自宅に戻り、大切なものを持ち出さざるを得ませんでした。

ちなみに、例に挙げた国連職員の方の場合は、数年後に事務所に戻れはしたものの、私物は荒らされていて、一切残っていなかったそうです。

⑸　避難の経路を決めておく

さらにシミュレートしておいて欲しいのは、どのような手段で、どのルートを通って逃げるかです。福島原発事故のときには大停電が伴い、また地震でレールがぐらつくなどしたために、福島からは電車は動きませんでした。しかし、そのような状態でもバスは動いていて、多くの方が福島からバスで脱出しました。

車でしか逃げられない方も多いかと思いますが、この場合、最も大きな問題は、ガソリンの有無でした。多くの方が、ガソリンの欠乏で苦しんだために、福島では今では多くの方が、家に帰る前にガソリンを補充して帰る習慣を身に付けている、と言います。車に積めるガソリン用携行缶を持っている人もいます（法律で30リットルまでと定められています）。災害時に脱出の手段が車になる方は、ぜひ家に帰る前にガソリンを補充する習慣を身に付けることをお勧めします。

次に、風向きをどう考慮するか、という点があります。放射能を含んだ雲から逃れるために、風上に逃げることが理想なわけですが、どこが風上になるのかを判断するのは大変難しいです。日本は、上空には西から東に向かうジェット気流が流れており、おおむね原発から西に向かうことがベターだと思いますが、福島原発事故の際に明らかになったことは、地表を流れる風は実に複雑な動きをしている、ということでした。福島から大きく南に向かった雲もありました。

ただ、それでも後にセシウム汚染の測定から作られたマップから明らかになったのは、セシウム汚染の最も激しいところは、福島県の海側から福島市に向かう国号114号線や399号線など、街道に沿っていたことでした。この汚染をもたらした放射能の雲は、福島原発から北西に向かって行き、福島市付近でぐるりと南に流れを変えて、今度は新幹線の軌道の上をなぞるように流れ、那須高原あたりから新幹線と離れて群馬方面へと向かって行きました。

もう二つ、南に流れた雲がありましたが、一つは福島県のいわき市方面から常磐線をなぞるように茨城県、千葉県、東京都の東部へと流れて行きました。もう一つはおそらくは海上を移動して行き、茨城県南部あたりから地上に侵入して、千葉県に流れ込みました。

これらから分かるのは、低い地点を流れる雲は、いわゆる風の道に沿うことが多いということです。実は、そこが人の道であり、街道である場合が多い。谷間に街道が作られてきたことが多いからです。風もそこを抜けている場合が多いのです。

では、どうしたらよいのか。一つには、それぞれの地域の気象庁の観測所から年間の風向データを調べておき、地域の風の流れを季節ごとに把握しておくことです。それで迂回できる道があるのなら、それを選択しておく。それが無理な場合は、少しでも風上になる蓋然性の高い西方向を目指すことが大事だと思います。

いずれにせよ、ここでも確実に放射能雲の到来をかわす道筋の選択はできないこと、追いつかれることはあり得ることを踏まえて、放射能の中に入ったときの対策をあらかじめ固めて避難を行うことが最善の道だ、と踏まえてください。

(6) 交通渋滞が発生したら、どうするのか

車を使った避難の際に、懸念されるもう一つのことは、渋滞です。これに対して押さえるべきことは、渋滞が発生しても、慌てることなく最善を尽くせるように準備をしておくということです。

実際には、どのような渋滞が予想されるでしょうか。考えられることは、原発周辺ほど渋滞が発生しやすいということです。これにはシミュレーションがあります。東京の環境経済研究所によるものです。

ここで大事なのは、交通渋滞になった場合であっても、放射能の雲がその上を通過するかどうかは分からない、ということです。

実際に、福島第一原発事故でも、3月12日に海岸線から福島市に向かう国号１１４号線などで大渋滞が発生し、普段は1時間で抜けられる道が十数時間かかったことが報告されています。しかし、福島原発での大量の放射能の発生は、その後に断続的に行われたベントや2号機の破裂、３号機の爆発や４号機の火災などでなされました。

また、原子炉からの放出の75％は、15日午後以降の2週間あまりで断続的に起こりました。このため12日に十数時間かかっても、この車列の中にいた人々は、放射能の雲に晒されることなく、濃厚な被曝地帯からの脱出に成功した、と言えるのです。

このように、実際にはどのようになるのか分からないことを踏まえて、だからこそいかなるときにも最善を尽くすことが必要です。渋滞につかまってしまっても、あきらめずに被曝を少しでも避ける努力を継続することが必要です。

そのためには、放射能の雲が追いついて来たときは、車外に出ないこと、換気を行わないことが重要です。それを可能とするには、一定時間、車内で過ごせるだけの飲料、携帯トイレなどの必要物資を確保しておくことが肝心です。避難の途中で、ガイガーカウンター*などを所持している場合を除いて、放射能の雲に追いつかれたかどうかを判断するのは困難ですので、車で避難するときは被曝対策を行い続けることが必要となることに留意しておいてください。

ガイガーカウンター (Geiger counter)
放射線量計測器。ガイガーカウンターは、厳密には測定したい線種と目的に応じて適切な器具を選ばなければならないが、とりあえずは安価なものでも線量の大きな変化などを知ることができるので、被曝地では持っていた方がよい。なお、医療従事者用には、個人の被曝線量が分かる安価で軽量なフィルムバッジやガラス線量計がある。

⑺ チャレンジドシミュレーションについて

これまで、原発災害時に最も大事なことは、「とっとと逃げる」ことであることを強調してきました。またその際に、「津波てんでんこ」の考え方、避難先を決めておいて、それぞれがてんでんばらばらに、そこを目指すことが有効であることも述べました。

しかし、この考え方が通用しない重大なケースがあります。避難が自力では困難な、さまざまな障がいを抱えた方たちが、いかに放射能被曝を逃れるかです。

この場合でも、常時、医療的看護が必要な方なのか、介護が必要な方なのか、看護や介護は必要ないが、自力ではかなり動きにくい、あるいは精神的に不安定で、災害時に動かなくなってしまう場合があるなど、さまざまな違いがあります。それらのうち、ここではパーソナルシミュレーションではカバーしきれず、どうしても施設単位で、あるいは行政の力を借りなければならないパブリックシミュレーションを必要とする場合などが出てきます。

この点で、ぜひとも参考にしていただきたい本があります。福島原発事故の際の強制避難区域にあった「老人ホーム」で、実際にあったことを克明に取材した『避難弱者』（東洋経済新報社）です。著者は、国会事故調査委員会*の事務局調査活動に参加し、委員会の終了後にフリージャーナリストとなって取材を続けた相川祐里奈さんです。

ここで最も大きなポイントとなることは、看護と介護体制のある施設の中におられる要介護者の方々の場合、同じような施設を避難先としない限り避難は困難だ、ということです。端的に、避難先に医療や介護体制がなければ、急速に消耗して命を落としてし

国会事故調査委員会（国会事故調）
東京電力福島原子力発電所事故調査委員会。２０１１年12月８日に発足、黒川清委員長と９人の委員が任命された。２０１２年７月５日に国会事故調査委員会報告書が公表され、同日調査活動を終了した。同報告書では、福島原発事故は人災によって発生したとしている。
「黒川レポート」によれば、国会事故調によるヒアリングは、１１６７人から９００時間、被災住民を集めたタウンミーティングでは３回で計４００名、アンケート調査では１万人、海外調査は３回に及んだ。

まう場合もあります。

実際にも、福島原発事故では、避難の途中でおよそ２０００人以上の方が亡くなられています。「原発関連死」とカテゴライズされています。そのすべてが、施設からの避難ではありませんが、過半が高齢者であり、あまりに痛ましい死です。原発事故で亡くなった方が、東電による過失致死が、すでに２０００人を超えている事実を私たちは重く受け止めておく必要があります。

だからといって、その地域が強制避難地域に指定された場合は、残ることも困難です。同時に、そこには職員の方たちがおられるわけですから、職員の方たちに被曝覚悟で残り続けることを強制することもできません。いや、実際の避難過程では、事故現場があまりにも過酷な状況になったこと、また当然なことに、動ける利用者の方にとっては、どうしても、もっと遠くまで避難した家族を守りたい、という気持ちが強まることもあって、現実には、やむを得ないこととして、職員がどんどん減っていきました。もちろんそのたびに、利用者の方への看護、介護の質は落ち、残った職員の方たちにズシリと負担が増えていき、利用者も職員も限界まで追い詰められて、さらに亡くなる方が増えつつ、職員が減るというパターンを、多くの施設が辿っていきました。まさに、地獄でした。もちろん、立ち去られた職員の方たちは、ぎりぎりまで奮闘された方たちで、称えられこそすれ、批判される筋合いのない方たちであったことを、ここで強調しておきたいと思います。

こうした方たちの実相を記録してくれたこの書を読んでいると、これほど過酷な目に人々を遭わせながら、なおかつ同じような事故を起こす可能性のある原発を再稼働させようとする人々に、いたたまれないほどの憤りを感ぜざるを得ません。しかしそれでも本来、絶対に行うべきではない再稼働がなされてしまった場合も想定している本書では、こうした場合にどうするのかも考えておかざるを得ません。

そこで、ぜひとも強制避難の対象になり得る原発から30キロメートル圏内の施設には、原発事故の際の避難先を自主的に決めておいていただきたいと思います。その場合に、離れたところにある同様の施設と施設間防災協定を結んでおくことが、考えられる選択肢の中で最も効果のある道ではないか、と思えます。

また、どれくらいの範囲内までと本書では指示しきれませんが、その外側にある施設も、同様の協定をより遠方にある施設とぜひとも結ぶと同時に、交通機関さえ動いていれば、どこまでも避難が可能な利用者の方と違い、避難先に看護・介護の条件がそろっていないと難しい利用者の方の場合は、その場で施設に立て籠もることも十分にあり得ることを検討して欲しい、と思います。その場合も考えて、避難対象となり得る施設は、看護・介護物資の提供を受けられるような遠方の同様の施設と協定を結んでおいていただきたいのです。

『避難弱者』によれば、不足する物資の中でも最も困ったことは、経管栄養剤ととろみ剤がなかなか手に入らなかったことだそうです。これは、重要な教訓です。

経管栄養剤とは、食べ物を飲み込む能力＝嚥下（えんげ）能力が著しく劣った方で、胃に穴をあけ、直接チューブで栄養を送っている「胃ろう」という処置をされている方の「食べ物」

です。それが無くなると、たちまち栄養失調になって急速に弱ってしまうわけですが、災害時には大変手に入れにくくなる。

とろみ剤も、同じく嚥下能力が落ちている方が、水分をそのままとると、うまく飲み込めずに気管支の側に入り込んでむせたり、あやまった嚥下で起きる肺炎＝誤嚥性肺炎になってしまうために、飲み物にとろみをつけて喉を通過しやすくするものです。

高齢者が亡くなる要因の中で、誤嚥性肺炎の比率は高く、そのためもあって胃ろうが施される場合が多いのですが、このため経管栄養剤ととろみ剤を失うことは高齢者ケアにとって大変なピンチなのです。そのため、さまざまな災害に備えた備蓄も必要ですが、いざというときにこれらの物資を供給し合える協定を結んでおくことは有効です。

また、同様の施設に受け入れてもらう際に大きな障害となったのは、緊急の避難だったため、それぞれの利用者の方の個人情報が持ち出せなかったケースが多かったことだそうです。特に認知症の利用者の場合、本人に尋ねても的確な答えが得られません。職員も途中で離脱して減っています。そのため、最終的に受け入れた側の施設が、どのような処置が必要か分からず、一から検査をしなければならなくて、大変な負担になってしまった、と言われています。そのため、避難を想定して、個人情報が本人に携行できる仕組みを作っておくことが有効です。

同時に、極めて重要なポイントは、非常事態時に職員がどのように行動するのかを、事前に徹底して討論しておくことです。その際、ぜひとも『避難弱者』を読んで、強制避難をしなければならなくなった施設が、どれほど過酷な状況に置かれるのかを、医療関係者や福祉関係者とその家族、知人、また利用者とその家族、知人の間でシェアしておいて欲しいと思います。

特に、こう書いていても胸が痛むのは、一度そのような状況に置かれてしまった職員は、残るも地獄、去るも地獄の状態に置かれてしまうことです。実際に、今ものすごくたくさんの方々が、心に大きな傷を負って苦しんでおられるはずです。そのすべては、現場におられた方たちの責任ではなく、危険な原子力政策を推し進めてきた政府と電力会社、「原子力村」の人々の責任なのですが、しかし目の前で苦しんでいる人がいながら、自らが看護、介護をやりきれなくなり、その場を退去せざるを得なかった方は、どうしても自分を責め続けてしまいます。責めるべき道義的責任はないのですが、それでも自分を責めてしまう方が多いのが、私たちの特性なのです。

こうした実例に触れて、討論すると見えてくるのは、すべてを満足させる答えなどとても出せない、ということです。それこそが原発災害の本質なのです。すべての人が逃げ出すことなど、とてもできない。避難弱者にとって、あまりに過酷な事故が原発事故です。同時に、誰かが犠牲を覚悟で人のケアをしなければならないのも、原発災害の特徴です。ぜひこれらを、それぞれの施設や職場、学校などで話し合って欲しいと思います。

現場には、それぞれの特有の課題があります。本書では、とてもそのすべてをカバーできません。また著者は、正直なところ看護、介護の場を熟知しているわけではないので、リアリティを持った提言をこれ以上できません。「災害対策」と言いつつ、「対策」を提言しきれないことを申し訳なく思いますが、しかしやはり現場のことは現場でしか分からないのですから、ぜひそれぞれの現場で自主的に、万が一のことを想定しておいていただきたい、と思うのです。各々が能動性を発揮する以外に、被災を少しでも減らす可能性は生まれません。

3-2 原発の事故情報をどう見るのか

(1) どこから避難を必要とする事故ととらえるか

原発事故からの避難に当たって、次に問題になるのは、事故情報をどのようにとらえるかです。福島第一原発事故の教訓から言えることは、政府はまったく正しい情報を伝えてくれなかったということです。これには、三つの理由がありました。一つには、政府や東京電力自体が、一度、過酷事故が始まってしまった原発内部がどうなっているか把握できず、そもそも正しい情報をつかめていなかったこと。二つに、事故時のシミュレーションがされていなかったため、法に定められた情報の適切な伝達にも遅れたこと。三つに、典型的に「パニック過大評価バイアス」にとらわれ、事故の極めて厳しい進展予想をまったく明らかにしようとしなかったことです。

この点の教訓から、多くの方が政府や電力会社の出す原発情報に懐疑的になっていますが、それは正しい判断です。なぜかと言えば、今なお、このときの正しい情報を伝えなかった責任が取られていませんし、いわんや関係者の処罰もなされていないので、同じことが繰り返される可能性が高い、と考えるのが当たり前だからです。

それでは、福島第一原発事故での教訓から、私たちは何をもって過酷事故が始まったととらえればよいのでしょうか。幾つかのキーワードがあります。

最も恐ろしいのは、原子炉の安全停止ができない場合です。ただしこの場合は、たちまち大暴走に至ってしまう可能性が高く、誰の目にも明らかな爆発などが起こる可能性が高いです。とにかく、命からがら逃げだすしかありません。幸い、福島原発の場合は、原子炉の緊急停止はできて、ここまでの破局にはなりませんでした。

次に、配管破断や電源の喪失により冷却機能が働かなくなること。実際に、福島原発で起こったことです。この場合は、高い確率で原子炉圧力容器内の核燃料が溶けて下部に落ちるメルトダウンが発生します。高温になった圧力容器内から、その周りにある格納容器内に蒸気が噴き出すので、格納容器の圧力も危機的に高まります。放射能を封じ込めるはずの格納容器を守るために、電力会社がベントによる放射能を含んだ内部の気体の放出に踏み切る場合もあるし、2号機のようにベントも間に合わないままに格納容器が破損して、より大量の放射能が出てくる場合もあります。そのため「配管破断」「電源喪失」「冷却機能のダウン」は、即刻、避難を開始しなければならない合言葉です。

さらに原因は分からないけれども、原発の敷地外で放射線値が上がったとされる場合も、とにかく何か深刻なことが始まったと考えて、避難を開始した方がよいです。

この他、政府が避難勧告を出した場合、それが原発の直近であろうとも、すでにかなり過酷な事故が起こっているのは間違いないことなので、できるだけ多くの広範な地域で「とっとと逃げる」ことに踏み出すべきです。

⑵ 原子力災害と法律

法的には、原子力災害対策特別措置法（以下、「原災法」という）の第10条通報がなされたならば、避難を開始した方がよいです。そもそも、この法律は１９９９年９月30日に起こった東海村ＪＣＯ臨界事故*に際し、それまで深刻な放射能漏れが起こった場合の法律が設定されていなかったことに鑑（かんが）みて作られたものです（最終改正：２０１４年11月21日）。なお第10条は、以下のように規定されています。

（原子力防災管理者の通報義務等）

第十条　原子力防災管理者は、原子力事業所の区域の境界付近において政令で定める基準以上の放射線量が政令で定めるところにより検出されたことその他の政令で定める事象の発生について通報を受け、又は自ら発見したときは、直ちに、内閣府令・原子力規制委員会規則（事業所外運搬に係る事象の発生の場合にあっては、内閣府令・原子力規制委員会規則・国土交通省令）及び原子力事業者防災業務計画の定めるところにより、その旨を内閣総理大臣及び原子力規制委員会、所在都道府県知事、所在市町村長並びに関係周辺都道府県知事（事業所外運搬に係る事象の発生の場合にあっては、内閣総理大臣、原子力規制委員会及び国土交通大臣並びに当該事象が発生した場所を管轄する都道府県知事及び市町村長）に通報しなければなら

東海村ＪＣＯ臨界事故
１９９９年９月30日に、茨城県那珂郡東海村、住友金属鉱山の子会社の核燃料加工施設、株式会社ジェー・シー・オー（以下「ＪＣＯ」）が起こした原子力事故（臨界事故）。バケツを使ってウランを濃縮する作業中に、ウラン溶液が臨界状態に達し核分裂連鎖反応が発生。この状態が約20時間持続した。この事故で、作業に当たった２名が死亡、１名が重症となった他、６６７名の被曝者を出した。

ない。この場合において、所在都道府県知事及び関係周辺都道府県知事は、関係周辺市町村長にその旨を通報するものとする。

2　前項前段の規定により通報を受けた都道府県知事又は市町村長は、政令で定めるところにより、内閣総理大臣及び原子力規制委員会（事業所外運搬に係る事象の発生の場合にあっては、内閣総理大臣、原子力規制委員会及び国土交通大臣。以下この項及び第十五条第一項第一号において同じ。）に対し、その事態の把握のため専門的知識を有する職員の派遣を要請することができる。この場合において、内閣総理大臣及び原子力規制委員会は、適任と認める職員を派遣しなければならない。

法律の文言は読みにくいですが、要するに施設の境界で定められた放射線量（5マイクロシーベルトから500マイクロシーベルト）が感知されたら、政府や関係市町村に直ちに通報しなければならない、と取り決めたものです。

通常の状態での放射線値は、0・1マイクロシーベルト以下ぐらいですから、これの50倍の値以上の放射線が出ていることになります。となれば、何らかの深刻な要因で放射能漏れが起こっていることは間違いない事態です。ですので、この報を聞いた場合も直ちに避難を開始することをお勧めします。

(3) 第15条通報と福島原発事故の実際

これに続いて、より事故が危機的に進行した場合に発せられるのが、原災法第15条通報（原子力緊急事態宣言等）です。長くなりますが、大事な法律ですので、引用しておきます。

第十五条　原子力規制委員会は、次のいずれかに該当する場合において、原子力緊急事態が発生したと認めるときは、直ちに、内閣総理大臣に対し、その状況に関する必要な情報の報告を行うとともに、次項の規定による公示及び第三項の規定による指示の案を提出しなければならない。

一　第十条第一項前段の規定により内閣総理大臣及び原子力規制委員会が受けた通報に係る検出された放射線量又は政令で定める放射線測定設備及び測定方法により検出された放射線量が、異常な水準の放射線量の基準として政令で定めるもの以上である場合

二　前号に掲げるもののほか、原子力緊急事態の発生を示す事象として政令で定めるものが生じた場合

2　内閣総理大臣は、前項の規定による報告及び提出があったときは、直ちに、原子力緊急事態が発生した旨及び次に掲げる事項の公示（以下「原子力緊急事態宣言」という。）をするものとする。

一　緊急事態応急対策を実施すべき区域

二　原子力緊急事態の概要

三　前二号に掲げるもののほか、第一号に掲げる区域内の居住者、滞在者その他

の者及び公私の団体（以下「居住者等」という。）に対し周知させるべき事項

3　内閣総理大臣は、第一項の規定による報告及び提出があったときは、直ちに、前項第一号に掲げる区域を管轄する市町村長及び都道府県知事に対し、第二十八条第二項の規定により読み替えて適用される災害対策基本法第六十条第一項及び第六項の規定による避難のための立退き又は屋内への退避の勧告又は指示を行うべきことその他の緊急事態応急対策に関する事項を指示するものとする。

4　内閣総理大臣は、原子力緊急事態宣言をした後、原子力災害の拡大の防止を図るための応急の対策を実施する必要がなくなったと認めるときは、速やかに、原子力緊急事態の解除を行う旨及び次に掲げる事項の公示（以下「原子力緊急事態解除宣言」という。）をするものとする。

一　原子力災害事後対策を実施すべき区域

二　前号に掲げるもののほか、同号に掲げる区域内の居住者等に対し周知させるべき事項

第15条をよく読むと、この通報がなされたら、内閣総理大臣は「避難のための立退き又は屋内への退避の勧告又は指示を行うべき」と書かれています。この段階で、政府は避難を命令しなければいけないのです。そのため15条通報まで待っていてはいけません

が、万が一、第15条通報で初めて原発災害の発生を知った場合は、即刻、避難行動を開始してください。

ちなみに、福島原発事故のとき、これらの報はどのように出て、どのような退避行動がなされたのでしょうか。10条通報は、３月11日15時42分に発生しています。全電源喪失が確認された時間です。さらに15条報告は、３月11日16時36分に発生しています。注水不能の時点です。政府への報告は、16時45分でした。

実は、ここで原災法上、大きな問題が起こりました。まず、政府から緊急事態宣言が発動されたのが、第15条通報から約２時間42分後の19時18分でした。さらに３キロメートル圏内に避難指示が出されたのが21時23分でした。15条通報から４時間47分ほども遅れていました。しかも、避難指示の発令が夜間だったこともあって、その日のうちに指示を知った住民は10％程度であったとされています。

要するに、首相官邸・政府は、第15条が発令されたら、直ちに避難指示を出さなければならないことを知らなかったのです。そのため、４時間47分もの空白が生まれてしまいました。また、受け取った地元の側も、これを直ちに住民に通達するシステムを持っていませんでした。津波の被害に翻弄された点を考慮しても、この決定的な遅れは、そもそもの緊急事態に備えたシミュレーションが、国の側で作られていなかったことを物語っています。このため、第15条通報に、直ちに地方自治体に避難に関する指示をなすべきことが書き込まれていながら、それができなかったのです。この点を、後に国会事故調査委員会は「（官邸・政府は）10条通報・15条報告の重要性や意味合いを十分に認識することはできず、その結果、事故への初動に遅れが生じた」と指摘しています。

これらから、ともあれ法的には10条通報が出されたら、原発がすでに大きな危機に直面しており、15条では、そもそも官邸・政府が、原発の直近の地域から避難を開始させなければならないものであることを知っておくことです。そのため、最低でも10条通報があった場合は、避難を開始してください。

なお、他の災害に対しても言えることですが、危機に際しては自分の勘も大事にしてください。私たちには動物としての本能も備わっており、現代科学では説明しきれない「第六感」などがあります。

実際に、福島原発事故のときも、かなり離れた地域で「突然、じんましんが出た」とか、「ぞわっとした」ことを理由に避難を開始した人もいます。千葉県にいたある女性は、福島原発事故の数日後のあるとき、突然じんましんが出て、理由も明確ではないままに「逃げなくては」と思ったのだそうですが、後でその時間を調べてみたら、3号機の爆発と一致していたそうです。女性は、直ちに京都まで避難しました。

これは、科学的には説明が付かないことですが、耳にすることが多かった話なので、とにかくここでは、自分が「危ない」「不安だ」「逃げなくては」と思ったら、その直感に従うことを強くお勧めしておきます。

(4) 出てくる情報は、事故を過小評価したものになる

さらに原発は、その構造の致命的と言える限界から、一度、過酷事故が開始されると、

事態の把握が極めて困難になってしまうことを、押さえておく必要があります。

そもそも、原発の原子炉は、建屋の中で厚いコンクリートで覆われています。外から目視はできないのです。このため、メータ類で制御していますが、大きな事故があると、そのメータが真っ先に壊れる場合が多いのです。

福島原発事故では、電源が喪失したため、多くのメータ類がダウンしてしまい、それだけで運転員にも原発の状態が分からなくなってしまいました。

しかも、やっかいなのは、このような状況では、メータが正常に働いているのか、壊れているのかも分からなくなってしまうことがあることです。

実際に、福島原発事故でも、1号機の水位計でこの点での判断の誤りがありました。実際には水位計が壊れて、原子炉内の水位がどんどん減っていたにもかかわらず、当時の吉田昌郎所長を始め、制御室の全員が、水位計が作動していると考え、水位低下を把握できなかったのです。このため、誰も把握できないままに急速にメルトダウンが進行してしまったのでした。

実は、この事例にもあるように、メータが壊れたときにも正常性バイアスが運転サイドに働きがちです。いや、政府も電力会社も正常性バイアスにかかりやすい。なぜなら、もともと「事故はあってはならないもの」と考えられているからです。安全性を繰り返し強調してきた手前からも、俄（にわか）に事故を認めたくない心情が働いてしまいます。

現実には、事態が把握できなくなっているのですから、すぐに最悪の場合を想定して対応するのが合理的なのですが、なかなか迅速にそのような判断には至りにくい。そのため、現状を過小評価してしまうバイアスが極めてかかりやすいのです。このため深刻な事態ほど、何度もはっきりと確認されてからでないと、公にされることがない傾向にあります。

また、多くの運転員が、実際にはメータが壊れたわけではなく、破局的事故の発生を表す値を正しく示していても、それまでに原子炉に異常はないのにメータ類が壊れた経験を持っているので、原子炉ではなくメータが壊れたのだと誤認してしまい、事故の進展の把握が遅れてしまうことも、大きな事故のたびに繰り返されています。

しかも、こうした状況把握の遅れは、数時間ないし数日という単位で発生するものばかりではありません。福島原発事故の場合は、もっと長い時間をかけなければ起こっている事態が把握できない面もたくさんありました。特に過酷事故の際に重要なのは、冷却ができなくなった場合の炉心状態の把握ですが、「メルトダウン」を起こしている、という最も重要な点が政府に把握されたのは、3月11日の事故発生後、何と2カ月も経ってからでした。この点のリアリティを知っていただくために、再度、馬淵澄夫議員の著書（『原発と政治のリアリズム』）から当該個所を引用します。

メルトダウンはないという「常識」

メルトダウンが認められたのは5月12日。東電と保安院の記者会見上で、「1号機の原子炉内で核燃料の大半が溶融し、圧力容器下部に崩れ落ち、数センチほどの穴が開いている」と発表された。

それまでは東電は「燃料の一部損傷」は認めていたものの、それが溶けて下に落下するという「メルトダウン（炉心溶融）」について「可能性が低い」としてきた。水位や温度が安定していたというのが理由である。

しかし実際には圧力容器内の水位が低すぎて水位計が働いていなかったことが、会見の席で発表された。底部の亀裂により水が漏れだし、注水した1万トンもの水のうち大部分が行方不明になっていることも明らかにされた。東電は「ここまで水位が低いとは思っていなかった」と釈明した。

（同書ｐ１０９、１１０）

少なくとも、私が参加した3月末の時点では、「燃料は損傷しているだけで炉心溶融は起こっていない。圧力容器は健全な状態を保っている」というのが、統合本部の統一見解であり、対策を決める上での大前提だった。

この前提を元に、原発事故処理の対策が進められ、注水、汚染水処理、放射性物質拡散防止などの具体案が練られている。私自身も、統合本部の一員として、ここに疑念を挟んでいてはチームとして対策を進められないと、どこかで割り切っていた。

（同書ｐ１１１）

馬淵議員はこの後、東電がこの事実を事前に気が付いていたことを示唆し、「どういうことだ！」と思わず怒鳴ったと述べています。東電が事実を隠していたこともあって、把握がさらに遅れた可能性があるわけですが、ともあれ確かなことは、政府の事故対策中枢の統合本部が、福島原発の1号機から3号機までがメルトダウンしている、という重要な事実を5月12日まで把握できず、まったくの誤情報を「大前提」として対策を進めていたという事実です。ここには、原発において過酷事故がひとたび起こると、事態の正確な把握が非常に困難であることが典型的に表れています。

(5) 事態は数年経っても、十分には分からない

しかも、事態の正確な把握が困難であることは、その後も継続しており、実はメルトダウンした核燃料が実際にどうなっているのかは、本書執筆の2015年秋の段階でもまだ完全には把握されていません。

例えば、東京電力は2013年12月13日の記者会見で、「福島原発3号機のメルトダウンした燃料の大半が原子炉圧力容器の中に留まっている」としてきた従来の見解を放棄し、むしろほとんどが圧力容器に穴を開け、格納容器底部へと落下してしまった、という推測を発表しました。メルトダウンしただけではなく、圧力容器を壊して通り抜けてしまうメルトスルーを起こしていた、というのです。

この見解は、事故後に行った消防車からの3号機原子炉内への注水が、実は途中で原子炉方向とは枝分かれした方向に流れてしまって、ほとんど炉内に届いていなかったとする新たな解析が現れる中で、提出されたものでした。

このため、東電は従来の見解を改めたのですが、溶けた核燃料の大半が圧力容器内に収まっているのと、大半が溶け落ちて格納容器の底にあるというのとでは、同じ事故過

程の中にあっても、危険性に大きな差があります。

その点で、東電はメルトダウンまでは２０１１年5月段階で把握しはしたものの、メルトスルーが推論として出される２０１３年12月まで、より危険性の少ない状態として、原子炉内を把握していたことになります。

さらに、２０１４年1月18日になって東電は、「３号機建屋の床に出所不明の高濃度の放射能汚染水が流れていることを把握した」と発表しました。のちに、これは「格納容器底部の損傷個所から漏れ出したもの」と推定されました。さらに、1月30日になって東電は、今度は「1号機に投入された冷却水も、その８割が外に漏れ出していたことを把握した」と発表しました。

この二つの発表は、非常に意味が重いものです。東電は、これまで「2号機格納容器はベントの失敗によって損傷した」と発表してきましたが、「ベントを行った1号機と３号機の格納容器は、水素漏れは起こしたものの、大きな破損はない」という立場をとってきたからでした。

しかし実際には、ベントに失敗した2号機だけでなく、ベントを行えたはずの1号機、３号機も格納容器が破損していたのです。このことは、過酷事故対策として、たとえベントをして放射能を含んだ蒸気を外に排出しても、なお格納容器が守れない場合があったことを示しています。ベントは、そもそもあってはならないものですが、格納容器を守るための確実な過酷事故対策とも言えないことが、示されたのでした。

その後、東電は２０１５年３月になって、宇宙から降り注ぐ宇宙線が地球の大気に当たって生じる素粒子「ミュー粒子」を使い、ようやく1号機と2号機の「透視」に成功。圧力容器内に核燃料が残っていないことを確認しました。しかし、溶け落ちた燃料が格納容器下部でどうなっているのかまでは、この時点でも把握されていません。

これらの事実を総合したとき、実は原子炉の状態は事故後、4年半以上経ってもはっきりと把握されていないこと、そもそも原子炉の中に投入した冷却水がどこにどう届いているのか、ということすら把握できていない状態であることが分かります。

これらから、ひとたび過酷事故に陥った原子炉の状態を把握するのは、極めて困難であり、ましてや理想的な避難のタイミングを知ることは、ほとんど不可能であることをつかんでおく必要があります。

⑹ パニック過大評価バイアスからも危機は隠される

このように、原発事故が始まってしまえば事態の把握があまりに難しく、そのため適切な情報など出しようがないことを見てきましたが、それに加えて冒頭にも見てきたように、政府や東電が、予測された危機をまったく伝えなかったことも、今日明らかとなっています。しかも、この問題が罰せられるどころか完全に開き直られていること、そのためこのままでは、いざというときに必ず同じことが起こってしまうことです。

この点のリアリティをつかむために、進行しつつある危機を伝えなかったことを、当時の首相官邸の担当者が、どのようにとらえ返しているのかも、押さえておきたいと思います。参考になるのは、当時、首相、官房長官に次ぐ、3番目の危機管理担当であった福山哲郎元官房副長官の著書、『原発危機　官邸からの証言』（筑摩書房）です。福山議員は、この著書の中で、当時政府が、原発がメルトダウンし、破局的な事態に至る可能性を知っていたにもかかわらず発表しなかったことを、何と積極的に自己肯定しています。

官邸はこの時点で「最悪の事態」を想定しており、原発の危機的状況について認識を共有していた。

ただ、「メルトダウンの可能性を知っていること」と、「実際にメルトダウンが起きているかどうかを知っていること」はまったく意味が違う。想定される最悪の事態が、実際にどの程度の確率で起こり得るのかについては、官邸に来ている情報では誰にも分からなかった。

たとえば、こうした事故が発生した場合、「政府は考えられる最悪の事態を国民に告知すべきだ」と指摘する識者がいる。起こり得る最悪の事態に備えて、国民は自らの判断で対処することができるからというのだ。告知しないのは「政府による情報の隠蔽だ」と批判する声さえあった。

しかし、これは極めて無責任な意見だと私は思う。事故が発生した時点では、その最悪の事態はいつ、どの程度の確率で起こるのか、起こった場合にどのようなかたちで収束するのかまったく分かっていない。

政府が優先すべきは、その最悪の事態を回避することだ。想像してほしいのだが、最悪の事態を想定して、そのまま国民に向けて告知したとする。不安に駆られて、あるいは万が一に備えて福島周辺から、あるいは首都圏から急いで避難しようとする膨大な数の人々は、いったいどこに逃げればいいのか。逃げた先からいつ戻ればいいのか。その間の生活や経済活動はどうなるのか――

（同書 p31、32）

福山議員は、事故がどのように発展し、収束していくのかまったく予想ができなかったことをあけすけに述べた上で、その中で想定された最悪の事態を国民に伝えなかったが、それは正しかった、と述べています。しかも、ここで福山議員は「膨大な数の人々は、いったいどこに逃げればいいのか」と書いていますが、そうは言っても、偶然の結果として4号機プールに水が入らなかったら、人々は逃げ出すしかなかったのです。「いったいどこに逃げればいいのか」……その困難な答えを探すのが、政治の役目であったはずだし、それができないのであれば、人々の自主的な力に任せるしかなかったのです。というか、4号機の危機が実際に起これば、必然的にそうした方向に事態は流れざるを得ませんでした。

ところが、民衆を自らより低いものと見ている福山氏は、「パニック過大評価バイアス」から、目の前に迫ってきている危機を伝え得なかったのです。しかし、事前の準備もなしに、これほどの膨大な避難が行えたでしょうか。また知らせることなくして、人々が迫り来る放射能を避けられたでしょうか。

福山議員は、放射能被曝の可能性を人々に伝え、防護を固めてもらうことを決定的に怠っていた、と言わざるを得ません。要するに、「破局は起こらない、いや起こらないでくれ」と祈っていたにすぎないのです。これもまた、正常性バイアスの亜種である、と言えます。

同じように、危機情報を伝えなかったことの自己肯定を、前出の馬淵氏も述べていますが、ここには、当時政府が危機を知りながら、「安全だ」と語っていたことに対する、お詫びも何もありません。

はっきりしているのは、このように危機に瀕しながら、「安全だ」と言い続けたことが自己肯定され、しかもその後にまったく追及もされないのですから、同じことが必ず起こる、ということです。福山議員の発言は、同書の中で、起こり得る事故のときに、「政府が発表する見解の信ぴょう性は著しく低い。なぜなら政府高官は危機に瀕しては嘘をいってもいいと考えているからだ」という事実をも伝えていることを、指摘しておきたいと思います。

(7) 為政者は避難区域を安全性からではなく、避難させられるかどうかで決める

さらに福山議員は、政府が３月12日午後６時25分に、20キロメートル圏内の避難を指示した際、それを30キロメートル圏に拡大しなかったのは、もっぱら避難の現実性からの判断で、30キロメートル圏内が安全であったかどうかが判断基準ではなかったことも、つまびらかに述べています。

この20キロ圏の避難指示について「20キロではなく、もっと避難の区域を広げるべきではないか」との意見も官邸内にはあった。

しかし避難区域の同心円を広げると、避難対象住民の人数は一挙に増える。3キロ圏内だと5862人。10キロ圏内だと5万1207人、20キロ圏内だと17万7503人。5万人避難と17万人避難のオペレーションはまったく異なる。

20キロ圏内の17万人を超す住民の避難にどの程度時間がかかるかを伊藤危機管理監に問い合わせたところ、ほぼ5日間から1週間かかるとのことだった。30キロ圏内に広げるとさらに日数を要することになる。

また前述したように、外縁の住民が先に避難すれば、より早く避難させるべき、原発に近い住民の避難が渋滞等で遅れてしまう。半径20キロという数字には、そうした判断があった。（同書p91）

福山議員はここで、20キロと30キロという線引きが、主に避難させなければならない人の数からの判断でなされたと述べています。福島原発事故の際の首相官邸の避難指示の判断は、安全性の判断からではまったくなくて、避難させる人数との関連からなされていたのです。20キロから30キロメートル圏内の人々の安全は、官邸によって「より早く避難させるべき、原発に近い住民」の安全より、後回しのものと判断されていた、とも言えます。

福山議員のここでの誤りは、己の防衛を優先するあまり、「こういうときには嘘を言うのはやむを得ないのだ」と開き直ってしまったことです。

そうではなくて、「事故対策がなかったがゆえに、実際の現場に立ったらとても30キロ圏内の人々を逃がすことはできなかった。だから20キロと嘘を言った」と、もっと率直に謝罪して、事故の際、人を逃がすことがまったく容易でない原発事故の実相をこそ、人々に伝えるべきだったのです。

にもかかわらず、ここまであけすけに「嘘をついたのは正しかった」と語られているのですから、次なる過酷事故が発生したときも、為政者が「人々のパニックを防ぐために嘘をついてかまわない」と当然にも考えること、その考え方が肯定されていることを、私たちはしっかりと押さえておくべきです。

「嘘をついてもいい！　嘘は必要だった！」とまで、当事者が言い切っているのです。しかも、それが正されたこともないのです。だからこそ、危機に際して政府の安全宣言は今後もまったく信用できないし、決して信じてはならないのです。この点を何度でも強調しておきたい、と思います。過酷事故のときには、絶対に政府を信じず、念には念を入れた安全対策を取ってください。ぜひとも「とっとと逃げる」行動を取ってください。

第4章

放射能とは何か、放射線とは何か、被曝とは何か

4-1 放射能とは何か

続いて考えておきたいのは、放射能とは何かです。

原発事故と自然災害との一番の違いは、この放射線被曝が起こることです。避難の必要性も、何よりも被曝を避けるためですから、放射能とはどういうものか、被曝とはどういうものか、いかに避けければよいのかを知ることが大切です。このことは、現に福島原発から飛び出してしまった放射能から身を守ることにも、もちろん適用できます。まずは、放射能について必要な知識を身に付けていきましょう。

(1) 放射能にはたくさんの種類がある

放射能とは何でしょうか。厳密な意味では「放射線を出す能力」という意味ですが、広い意味で放射線を出す物質のことを意味します。「放射性物質」と同じ意味です。

放射能には、どのようなものがあるでしょうか。実は、とてもたくさんの種類がありますす。というよりも、さまざまな性質を持っている物質のうち、放射線を出すものを「放射能」と一括している、と言った方が正確です。

地球上には、たくさんの「原子」があります。ものを形作っている最も小さな単位です。２０１０年現在で１１７の原子が知られています。実は、この多くの原子のそれぞれの仲間の中に放射線を出すものがたくさんあります。

原子について、もう少し詳しく見ていきましょう。原子は、中心に原子核があります。原子核は、陽子と中性子からできています。この原子核の周りを電子がまわっています。原子は、陽子の数によって性質が違ってきます。陽子の数を、その原子の「原子番号」と呼びます。例えば、水素だったら、陽子が一つなので原子番号は1です。中性子は0～6個。一つの電子が周囲にあります。

陽子は電気的にプラス。電子はマイナス。中性子は無電荷です。すべての原子には、陽子の数と同じだけの電子がまわっていて電気的に中和な状態にあります。

原子は、重さからも表現されます。重さは、陽子と中性子の数で表します。二つは、ほぼ同じ重さです。電子は、陽子や中性子の重さの約１８００分の1なので通常は無視し、陽子と中性子の数を足したものを原子の重さと考えます。原子の名のあとに、番号として付けられます。

陽子の数が同じだと、同じ原子と考えられ、実際に化学的性質も同じなのですが、中性子の数が違い、重さが違うものがある場合があります。これを同じ原子の中の「同位体」と言います。英語では「isotope」と表記します。カタカナで「アイソトープ」とも書かれます。

この各原子の中の同位体の中に、放射線を出すものがたくさんあります。なぜ放射線を出すのかと言うと、エネルギー的に不安定な状態になっているので、内側から陽子や中性子や電子、あるいはエネルギーを外に出すことで安定しようとするからです。このため多くの原子が、自分の同位体の中に不安定で放射線を出す原子＝放射能を含んでいます。それも数十のものを持っている場合もあるので、全体としての放射能の数はとても多いのです。

現在では、同位体の総数は２０００種類以上とされており、そのうち放射線を出さない同位体＝安定同位体は約２６０あります。残りはすべて放射線を出すもので、「放射性同位体」と呼ばれます。

(2) よく知られている放射能について考える

例えば、福島原発事故以降、有名になったものに「セシウム」がありますが、セシウムは金属の一つです。正確には「アルカリ金属」と分類されるものの仲間です。原子番号は55で、陽子が55個あります。英語名は「Cesium」。記号では、ラテン語からCsと表記されます。重さは１３３です。ということは、１３３−５５＝78ですから、中性子が78個あることになります。この重さを表す数字を加えて、「セシウム１３３」と書き表されます。

セシウムには、全部で39種類の同位体があります。このうち、セシウム１３３以外はすべて放射線を出す性質を持っていますので、これらは「放射性セシウム」とも呼ばれます。この多くが核分裂によって生まれます。代表的なものは、セシウム１３７です。また、原子炉の中の反応によってのみ生じるものもあります。代表的なものは、セシウム１３４です。

もう一つ、原子の中で有名になったものを紹介します。「ヨウ素」です。英語名は「Iodine」。略称では、Ｉと表記されます。原子番号は53、重さは１２７です。ヨウ素は人体にとっては必須のミネラルで、喉元にある甲状腺という組織に送られて甲状腺ホルモンを作る元となります。人体の働きのさまざまな調整を司るもので、ヨウ素が不足するとエネルギー代謝の低下、運動機能の減退などが起こります。

ヨウ素は自然界にたくさん存在していて、特に海産物などに含まれています。日本は海に囲まれた国で、住民は海産物をたくさん食べるので、通常の生活をしていればヨウ素不足になることはありません。内陸の国では、ヨウ素が不足がちになるところもあります。

ヨウ素の同位体は、全部で37種類あります。安定同位体であるヨウ素１２７以外に、ヨウ素 １２９、１３１などが代表的です。ヨウ素は、もともと自然界にあるのは安定的なヨウ素１２７だけ。このため「ヨウ素１２７」は、放射性ヨウ素への対比として「安定ヨウ素」と呼ばれますが、このヨウ素１２７以外はすべて、核分裂や原子炉の中の反応によって生じる放射能です。ヨウ素に限らず、このように人間が関与した核分裂反応によって生じる放射能を、自然の放射能に対して「人工放射能」とも呼びます。

このように、放射能の種類がきわめてたくさんあることを示してきたのは、「放射能」

という単一の物質があるのではなく、化学で習う元素記号表に記された多くの元素＝原子が、それぞれにたくさんの同位体を持っていて、その中にたくさんの放射能があることを知って欲しいからです。またそれぞれの放射能が、化学の目で見るならば、放射能を出さない同位体原子と同じ動きをすることも知って欲しいです。

例えば、放射性ヨウ素の名を挙げると、放射線被曝による甲状腺がんのことを想い浮かべる方が多いと思うのですが、これはヨウ素１３１を代表とする放射性ヨウ素が、もともと自然界に豊富にある放射線を出さないヨウ素１２７と化学的に同じ性質を持っているために、放射線を出さない自然のヨウ素１２７と置き換わってしまうために起こるものです。

つまり、身体の中に入ってきた放射性ヨウ素は、自然界にある安定ヨウ素とまったく同じように身体の中で振る舞い、甲状腺に送られてしまうのです。そこで甲状腺ホルモンを作ることに関与するのですが、このとき甲状腺にβ線という放射線をたくさん出して違う物質（バリウム）に変わり、そこからさらにγ線という放射線も出します。このために甲状腺の細胞が傷つけられ、がんなどを発症させてしまうのです。このように放射線を出して違う物質に変わることを原子の「崩壊」ないし「壊変」と呼びます。

セシウムではどうでしょうか。セシウムは、「アルカリ金属」という類似した化学的性質を持った金属群の一つなので、この群れに入るリチウム、ナトリウム、ルビジウム、セシウム、フランシウムと似ていて、特に人体の中ではカリウムと同じように振る舞います。

カリウムは、原子番号19番。英語名は「Potassium」。ラテン語の略称はKです。自然界にカリウム39、40、41があり、このうちカリウム40のみ自然放射能です。自然界の存在比率はカリウム39が93・2581％、40が０・０117％、41が６・７302％です。この他、カリウムにもたくさんの人工放射能があり、同位体は全部で24種類です。

カリウムも、人体や生物にとって必須ミネラルで、とても重要な栄養素です。植物が育つ上での三大栄養素の中に、窒素やリンとともに数え上げられています。カリウムがどれだけあるかは、土地の豊かさを決める条件の一つです。

放射性セシウムは、このカリウムに置き換わってしまいます。このため植物にも吸収されやすいのです。カリウムと間違えて放射性セシウムを吸い上げてしまうからです。特に、キノコに放射性セシウムが蓄積されやすいことが指摘されていますが、これは、もともとキノコが、農地と違って栄養素の少ない山の中にあり、胞子を精一杯伸ばして少ない栄養素を懸命に集める性質を持っているためです。だから、キノコは「山の幸」なのですが、その「幸」を集める経路に、放射性セシウムが乗っかってしまい、キノコに濃縮されてしまうのです。

カリウムは、人体の中でもたんぱく質の合成や、細胞内外の水の輸送、生命維持のためのさまざまな信号伝達など、たくさんの活動に関わっていて、常に全身に広く分布しています。放射性セシウムは、ここでもカリウムに置き換わってしまいます。そのため、放射性セシウムを身体の中に取り込んでしまうと、あらゆる臓器にセシウムがまわり、さまざまなダメージを被ってしまいます。

このように、放射能はたくさんの種類があり、それぞれに化学的性質が違います。その上、自然界にもともとある放射線を出さない原子と容易に置き換わってしまうので、とてもやっかいなのです。種類がたくさんあるので、除染の仕方もそれぞれに違ってしまいます。

その放射能の多くは、人間が核分裂させることによってはじめてできる人工放射能です。原子炉の中には、各種の放射能がたくさん詰まっています。原子炉一つで、広島原爆で発生した放射能と同じ量を数日間の運転で作ってしまうほどです。

⑶　放射能ごとに半減期が違う

それぞれの放射能は、固有の「半減期」というものを持っています。放射能は通常、原子の塊として存在しています。億単位の原子が集まっていたりします。そこから原子一つ一つが放射線を出して違う物質に変わっていくわけですが、放射能ごとに原子が放射線を出すまでの時間が違うのです（正確には放射線が出るまでの確率的時間が違います）。

このため仮に今、１００個の同じ放射性原子が集まっているとすると、一つ一つの原子がどんどん放射線を出して違う物質に変わっていき、もともとの放射性原子の数が50個にまで減ってしまう段階が訪れます。ここまでの時間が「半減期」と呼ばれるものです。原子数が半分になるまでの時間で、それぞれの放射能が固有の時間を持っています（次ページ7図参照）。

例えば、ヨウ素１３１の場合だと8日間です。ある塊の放射性ヨウ素１３１は８日間

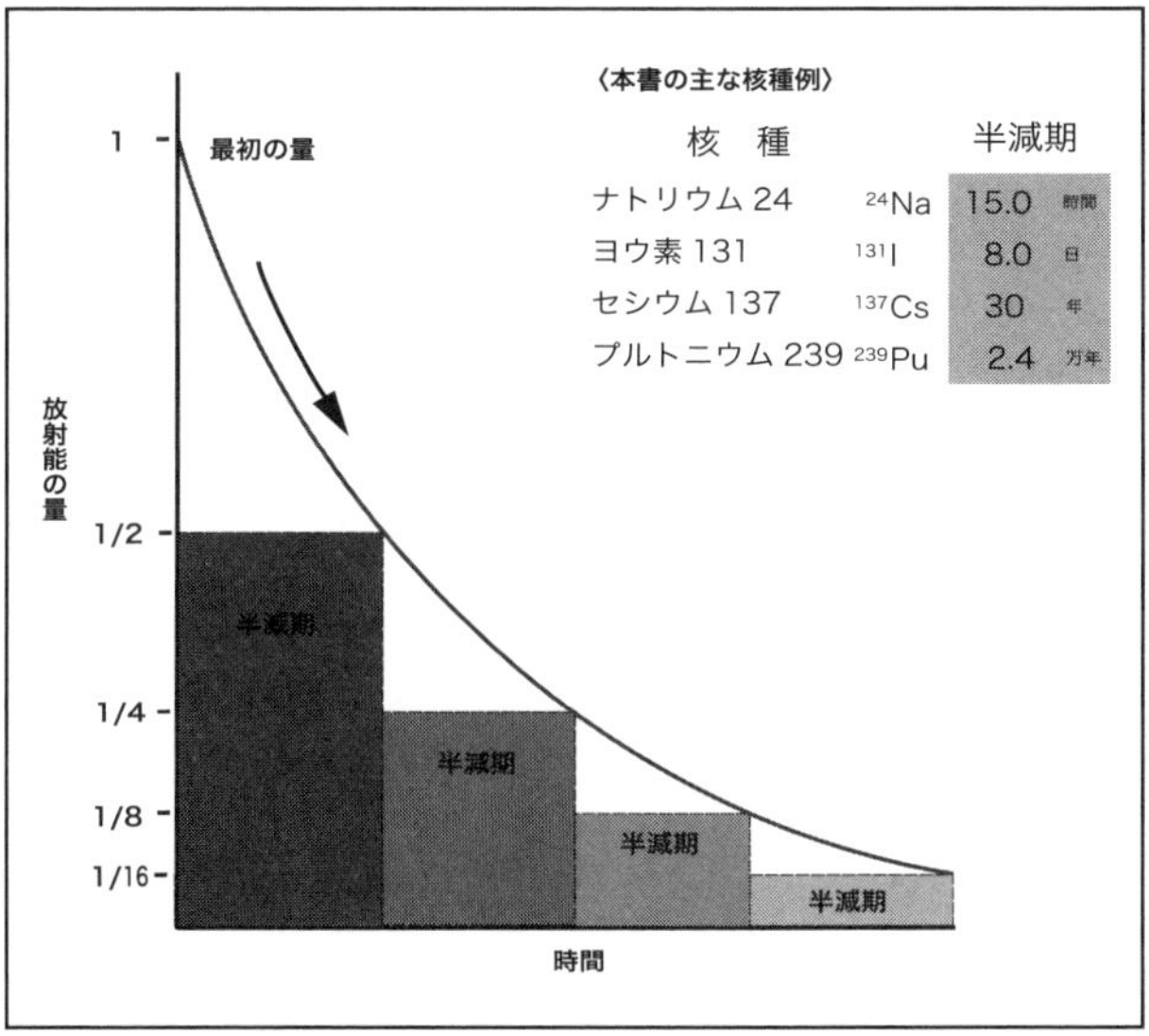

図７　核種と半減期（原子力エネルギー図面集に基づく）

で半分になり、16日間で四分の一になり24日間で八分の一になります。このように半減期を10回重ねると二分の一にする作業が10回重ねられることになりますから、放射性ヨウ素の原子数は80日間で初めの１０２４分の１、約１０００分の１になります。

これに対して、セシウム１３７の半減期は30年です。ある原子の塊が30年で半分になり、60年で四分の一に、90年で八分の一になります。これを重ねて３００年経つと約１０００分の一になるのです。

プルトニウム２３９*の場合は、もっと長くて半減期２万４０００年です。２万４０００年で半分になり４万８０００年で四分の一、７万２０００年で八分の一になります。１０００分の一になるには24万年もかかる計算です。

こう見ていくと、半減期が長いものの方が怖く感じられるかと思いますが、どちらが

プルトニウム２３９ (plutonium)
原子番号94、元素記号Pu。人工放射性元素の中で、人類史上、「最も危険な毒物」と言われ、主に原子炉の中で生まれる。例えば１００万キロワットの原発で、一年間に生まれるプルトニウムは約２５０キログラムほどになり、プルトニウム２３９が７~８キログラムあれば、長崎型の原爆が一つできる。日本が現在保有するプルトニウムは約48トン。単純計算で長崎型原発約６０００発分に上る。

危険なのかは何を尺度に捉えるかによって違ってきます。放射能被曝が長期にわたること、その間の対処が問われることを考えれば、確かに半減期が長いものの方がやっかいです。

しかし、単位時間当たりの被曝量を考えると、半減期が短いものの方が恐ろしいのです。例えば、ヨウ素131とセシウム137を比較してみると、半減期がそれぞれ8日と30年ということを考えるならば、約1369倍の違いがあることが分かります。ということは、セシウム137が1本の放射線を出す間に、ヨウ素131は1369本の放射線を出すので、同じ時間内にはヨウ素131からの被曝の方が圧倒的に危険です。

放射能の中には、半減期がもっと短いものもたくさんあります。数時間、数分、いや1秒に満たないものもあります。このため原子炉内で飛び交う放射線の数は、核分裂反応の直後が最も多く、時間の進行に反比例する形で急激に数が減っていきます。このことから原発事故によって格納容器が壊れて中にある放射能が出てくるときには、基本的には事故直後ほど、その放射能から出てくる放射線の数が多いことが分かります。

4-2 被曝のメカニズム

(1) 放射線がもたらす被曝＝分子切断の仕組み

続いて、放射線が物質に与える影響について考えていきましょう。放射線は、物質に当たってさまざまな影響を与えるわけですが、一番重要なのは、物質を構成している分子を切断してしまうことです。

ここで、今度は分子の成り立ちを学ぶ必要があります。例えば、水は一つの酸素原子と二つの水素原子が結びついて水の分子を作っています。このためH_2Oと表記されます。

このとき、原子と原子がどのように結びついて分子を形作っているのかと言うと、それぞれの電子の軌道を共有し合い、電子間の結び付きで結合しています。これを「共有結合」と言います。原子同士の結合の仕方には他のものもありますが、共有結合が代表的です。

ここに放射線が飛んで来ると、電子に玉つき的に衝突して弾き飛ばしてしまいます。

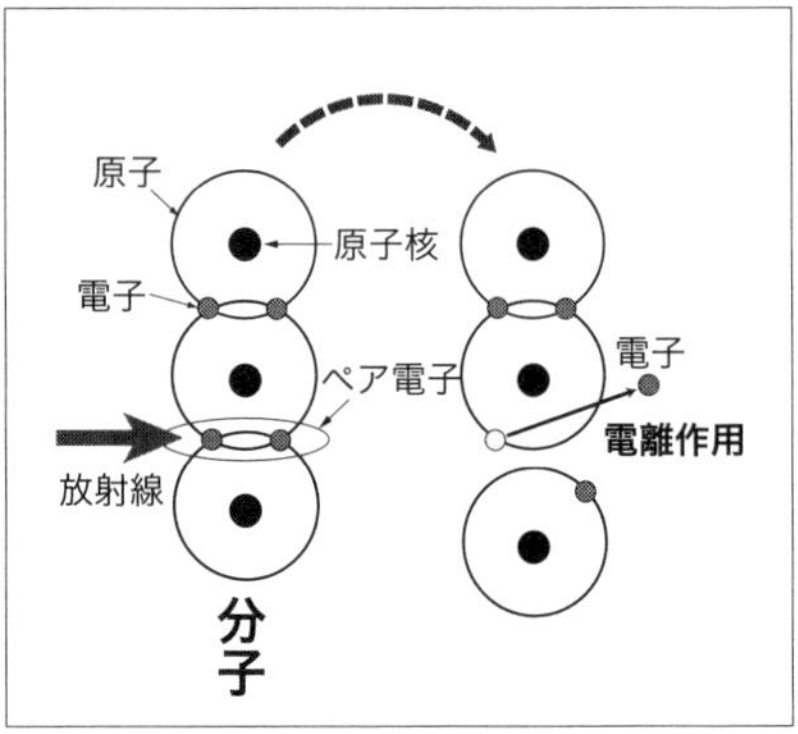

図８　電離作用と分子切断（矢ヶ﨑克馬琉球大学名誉教授の図に基づく）

そうすると共有結合が崩れるので、分子が切断されてしまうのです。このことを「電離作用」と言います（**図8**）。

放射線が、あらゆる物質に及ぼす作用の基本はここにあります。このため、放射線は生物だけでなくあらゆる物質に作用を及ぼします。

福島原発の事故現場など、放射線値が高いところでは、もっとロボットを活用すればいいのではと思う方もおられるかと思いますが、放射線はロボットも容易に壊します。あらゆる物質の分子を切断するからです。実際、東電もさまざまなロボットを投入していますが、その多くが壊れてしまっています。

人体にも同じ影響を及ぼします。さまざまな分子切断が起こりますが、人体の場合は、遺伝子の鎖であるＤＮＡ＊が放射線による電離作用によって切断されてしまうことが深刻です。また人体に豊富にある水が分子切断されると「フリーラジカル」と呼ばれる有害物質ができてしまって、それが細胞やＤＮＡを攻撃する二次効果も生まれて人体に対する破壊的な作用が強まります。

このＤＮＡの切断のあり方が、被曝影響の二つのあり方を作り出します。というのは、ＤＮＡは生物にとって最も重要な情報を宿しているために、二重の鎖で構成されていま

DNA (deoxyribonucleic acid)
デオキシリボ核酸。人間の細胞の核の中にある染色体の主要成分であり、遺伝子の本体。4種類の塩基、リン酸、糖からできている高分子化合物で、遺伝子情報は、二重らせん分子構造に組み込まれている。

す。この鎖が被曝によって切断されてしまうわけですが、多くの生物は切断されたDNAを修復する能力を持っています。つなぎ直しをするのです。

あらゆる生物の中で、この修復能力がもっとも高いと言われているのが霊長類であり、私たち人類です。このため私たちの体内では、常にDNAのさまざまな要因による切断と、修復が繰り返されている、と言えます。

ところが放射線量が多くなると、DNAの二重の鎖が同時に切断されることが起こってきます。こうなるとピンチです。修復ができないとDNAは死滅し、それが入っている細胞が死んでしまいます。これが大量に起こってくると、骨髄や腸の機能に障害を受けて私たちの身体に感染症や下痢、下血など激しい症状が現れ、ひどいときには命を落としてしまいます。こうした急激な症状の現れを、放射線被曝による「急性障害」と呼びます。被曝から遅くとも2～3ヵ月以内に発症したもののことを指します。

これに対して、二重切断された私たちのDNAは必死になってつなぎ直しを試みるのですが、なんとか死滅を免れてつなぎ直しに成功するものの、間違ったつなぎ直しをしてしまう場合も出てきます。異常再結合です。そして、この間違ったつなぎ直しをしたDNAが、細胞分裂で増えていってしまうのです。

私たちの体内では細胞分裂が常に行われていますが、そのときDNAは二重の鎖を解いてまず一本の状態になり、自らを正確に複写して再び二重になります。このとき間違ったつなぎ直しをしたDNAは、その姿を正確に複写してしまうのです。このため細胞分裂が行われるたびに、異常再結合したDNAが増えていってしまいます。このため細胞全体の中に不具合を持ったものが増え、それが多くなる中でがんなどの病が発生します。

これにどれくらいの時間がかかるのかは、DNAが間違った結合をしてしまった数などさまざまな要因に規定されるため一様ではなく、早ければ数ヵ月ぐらいから、長ければ10年、20年、いやもっと経ってからがんなどの形で発症してくることがあります。このため、このような放射線被曝の影響の現れ方を「急性障害」に対して「晩発性障害」と呼びます。晩発性と言うと、何か晩年に発症する病かのように思えてしまいますが、定義上では急性障害に分類されない潜伏期を経てのものはすべて晩発性障害に数えられるので、白内障などのように数ヵ月目から発症する病も含まれています。

(2) 誰がもっとも放射線に弱いのか

DNAの放射線被曝による切断のメカニズムは、誰がもっとも放射線に弱いのかをも明らかにします。というのは、すでに見てきたように、DNAは細胞分裂のときに二重の鎖を解き、一本の状態になるので、このときがもっとも放射線に弱くなるからです。そうなると分裂が激しく行われている細胞ほど、放射線に弱いことになります。

具体的には、もともと異物によって損傷を受けやすいので、修復のためにも激しい細胞分裂を繰り返している粘膜などがあげられます。放射線被曝で口内炎や下痢が起きやすいのも、それぞれの粘膜がもともと細胞分裂が激しいからです。

その他に、脳の海馬も放射線のダメージを受けやすいところです。ここでは、次々と新しい知識を書き込むために細胞分裂が激しく行われているためです。海馬が器質的なダメージを受けるのがアルツハイマー性の認知症の特徴ですが、同じように放射線被曝によっても記憶の減退などが起こりやすくなります。

これらを考えると、もっとも放射線に弱いのは、細胞分裂をより激しくしている人、つまり子どもであることが分かります。年齢が低ければ低いほど影響を受けやすいのはこのためです。

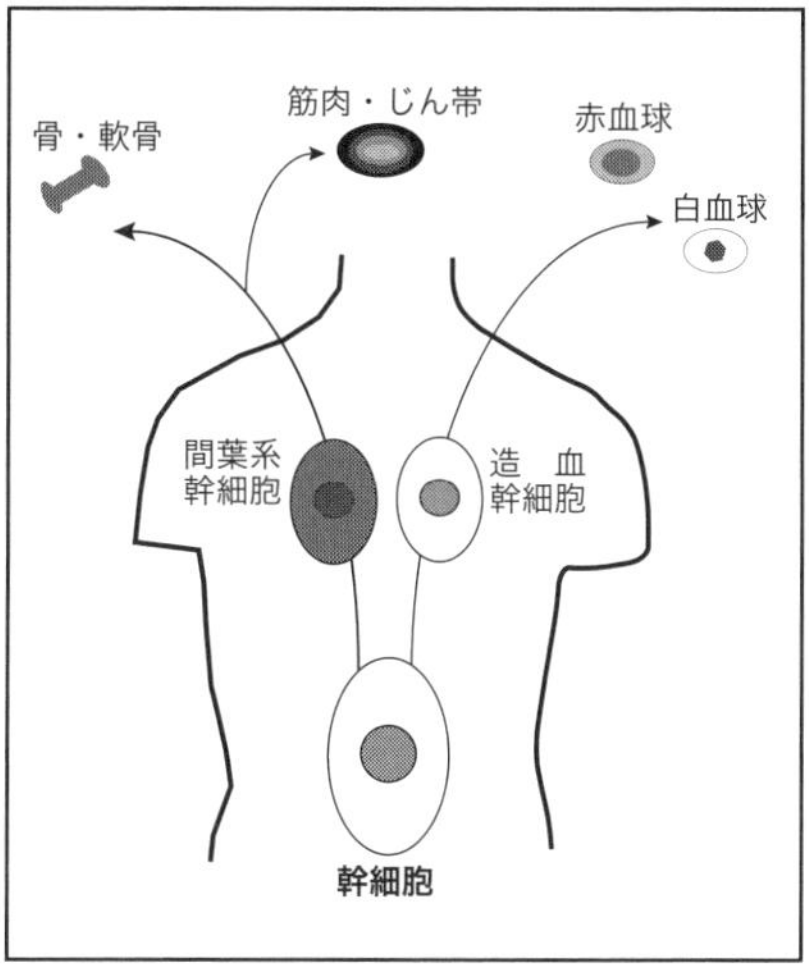

図９　幹細胞の働き（株式会社ジャパン・ティッシュ・エンジニアリング　再生医療のおはなし第４話に基づく）

最も弱いのは胎児です。月齢が早いほど放射線の危険性にさらされます。胎児の場合は細胞分裂だけでなく「細胞分化」も激しくしているからです。細胞分裂では同じ細胞がコピーされていきますが、母親の胎内で受精した卵子がただ細胞分裂を繰り返しただけでは人間の姿になりません。やがてある細胞は骨に、ある細胞は筋肉にと機能が分かれていきます。これが細胞分化です。

細胞分化をする前の細胞を幹細胞（かんさいぼう）（**図９**）と呼びます。胎児だけでなく、生まれた後にも私たちはこの細胞を持ち続けます。血を作る細胞＝造血幹細胞です。ここから血の成分である赤血球や白血球、血小板などが分化して生まれてくるのです。主に骨髄でこの作業が行われています。

この幹細胞が被曝すると、この造血作用に困難が生じ、血液のがんである白血病などが生じやすくなりますが、胎児の場合は、もっとたくさんの細胞分化が行われているので、幹細胞がダメージを受けると、より深刻な影響を受けることになります。特に受胎直後の被曝の影響は大変強く、命が奪われ、流産や死産に至ってしまう場合があります。

これらから、被曝から最も守られなければならないのは胎児であり、幼い子どもたちであることが分かります。明確な数値は出せませんが、子どもの場合、大人よりもはるかに高い危険性を見積もる必要があります。

ただし、この説明だけでは高齢者は放射線に強い、という誤解が生まれてしまいます。確かに細胞分裂の面だけを考えれば、高齢者の方が少ないので、リスクが低いとは言えるのですが、しかし高齢者は免疫力が若い人よりも落ちており、細胞の回復能力も低いです。また、すでに何らかの病気を持っている場合も多々あります。そのため高齢者もまた放射線に対しては弱者に分類されます。

性別で比較した場合は、女性の方が男性よりも放射線の影響を受けやすいことが明らかになっています。

なお、これらはあくまでも人間を平均化して考えて出てくる結論であって、個々人の例までは取り上げられていません。実際には、あらゆる疾病についても言えるように、こうした人体への基本的な影響の上に非常に大きな個体差が加味されます。持って生まれた体質、気質によっても放射線への感受性は大きく違うのです。被曝に極端に弱い人もいれば、反対に極端に強い人もいるでしょう。これは、その人が抱えている他の病とも相関することです。現実の放射線防護では、こうした個体差についても十分考慮することが必要ですが、多くの場合、この個体差が無視され、あたかも誰もが同じような影響を受けるかのように過って捉えられていることが多いので要注意です。

(3) 被曝に影響を与える放射線の種類

再度、放射線被曝のメカニズムに戻り、放射線の種類について考察したいと思います。生命体にも物質にも脅威である電離作用を及ぼす放射線そのものには、たくさんの種類がありますが、ここでは原発事故で生じる人工放射能から出てくるものに限って考えていきましょう。原発のすぐ近くでは、核分裂に際して飛び出してくる中性子線も問題になりますが、せいぜい原発の敷地の外ぐらいまでの問題なので、ここではもっと離れた所でも問題になるα（アルファ）線、β（ベータ）線、γ（ガンマ）線の三つに絞って考察していきたいと思います。

この三つの放射線は、原発事故で炉内から環境中に飛び出してくる放射能から出てくるものです。

α線とβ線は、粒の性質を持った粒子線です。α線は、原子番号2番のヘリウムの原子核と同じ構造をしています。陽子が2個と、中性子が2個でできています。β線は電子と同じものです。

γ線は、粒子ではなくて波の性質を持っています。光の仲間で、高いエネルギーを持った電磁波とも言えます。X線もこれと同じものです。γ線とX線の違いは発生の仕方で、放射能から出てくるものはγ線と分類されます。そのため、原発事故で生じる放射能から身を守るときは、この三つの放射線からいかに身を守るのかが大事になります。

この中で、一番電離作用が強く、物質に与える影響が大きいのはα線です。続いてβ線、γ線の順番に影響力を持っています。このためα線は長い距離を飛びません。出合った分子を激しく分子切断して、エネルギーを失うからです。飛距離は、空気中で4センチメートルくらい。細胞の中では40㎛（マイクロメートル）くらい。1000分の40ミリメートルです。

β線は、エネルギーの違うものがたくさんありますが、飛距離はだいたい空気中では1メートルぐらい、細胞の中では1センチメートルくらいです。やはり、その間にある分子を次々と切断します。

これに対して、γ線は何十メートルも飛びます。人体も通り抜けます。

このため、よく次のような図が提示されます。α線は紙一枚で止まる、β線は金属板などで止まる、γ線は分厚いコンクリートでないと止まらない……というものです。しかも、図には「放射線の透過力」というタイトルが付けられています（次ページ図10）。

実は、これがしばしば誤解を生む元となってしまっています。放射線に関する理解で一番混乱しやすいところです。

というのは、この図を出されると、「α線は紙ぐらいで止まるのか。γ線はコンクリートでなければ止まらないんだ。γ線の方がずっと強いんだ」と、思ってしまいがちだからです。ここを正しく押さえることが、放射線への理解を強めるポイントになります。

反対なのです。一番強いのはα線なのです。γ線は一番弱い。ただし、この場合の「強い」「弱い」とは、分子に電離作用を及ぼすこと、物質に影響を与えることを指しています。

そもそも、原子の世界は、私たちの日常世界の感覚とまるでかけ離れていて、原子核の周りに電子がまわっていると言っても、原子核の大きさがパチンコ玉だとしたら、電子は東京ドームの外側をまわっているような感じなのです。私たちの日常感覚からすると内部はスカスカです。

ここに放射線が飛んで来るわけですが、そう簡単に電子とぶつからない。それでもα線は大きい粒子なので、他の放射線よりも原子と原子をつないでいる電子とぶつかって弾き飛ばしやすい。だから電離作用が強いのですが、そのときにエネルギーを失うのでα線は遠くまで飛ばないのです。

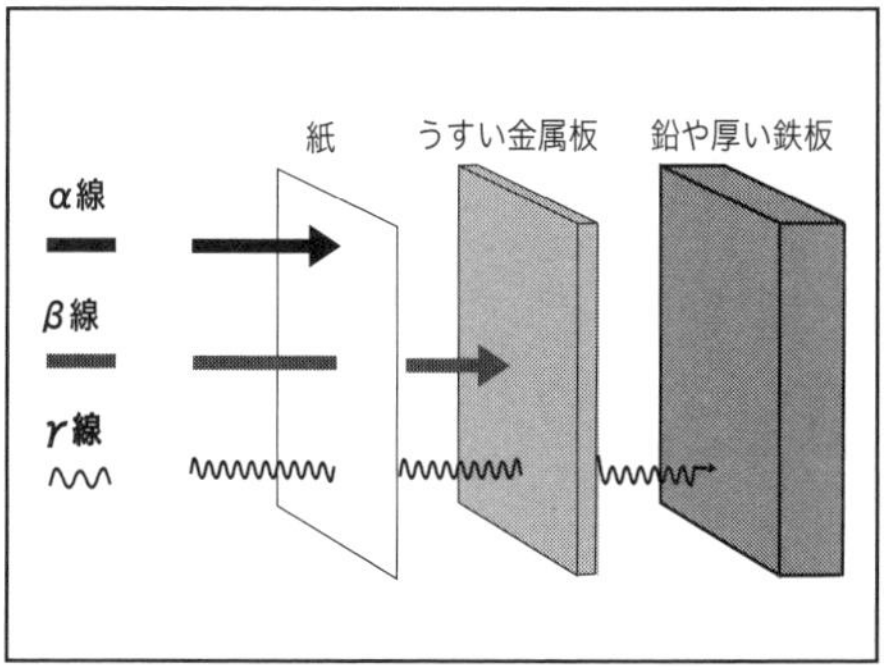

図 10　放射線の透過力（放射線医学総合研究所シリーズ：放射線とつきあうために３に基づく）

これに対して、波の性格を持っているγ線は、α線と比べると、さらになかなか電子と当たらずに「スカスカ」のところを通り抜けていってしまう場合が多いのです。すり抜けてしまう場合が多いのです。β線はこれら両者の間にあるととらえておけばよいと思います。

α線が紙一枚で止まるのは、紙を構成している分子と衝突して激しく分子切断するからです。ところが、γ線はごく一部は紙にも当たるけれど、多くは当たらずに、すり抜けてしまいます。紙との相互作用がとても弱いからです。これが「透過力」の正体です。

日常感覚からすると、ものを「突き抜ける」というと、そのものを破壊しながら進んでいくことがイメージされますが、ここで述べられている「透過力」はまったく別です。物質に当たらずに通り抜ける性質が「力」と呼ばれていて、この場合には物質に与える影響力のことは示されていないのです。

このため紙から比べるならば、分子がもっとぎっしり詰まっている鉛の板や分厚いコンクリートを持ってくると、やっとγ線も鉛やコンクリートの分子にたくさん当たるようになり、エネルギーを失ってそれ以上、飛ばなくなるのです。

このα線とβ線とγ線の違いの理解は、被曝の仕方の違いを踏まえる上でとても重要になります。

(4) 外部被曝と内部被曝

次に、人体の放射線の被曝の仕方について考えていきたいと思います。被曝の仕方は、大きくは二つあります。一つは、人体の外側から飛んできた放射線に当たることで、「外部被曝」と言います。もう一つは、放射線を出す放射能を身体の中に取り込んでしまい、内側から被曝することで「内部被曝」と言います。

この他、被曝医療では「汚染」を三つ目の被曝のタイプとして分類しています。外部被曝と内部被曝の中間にあるもので、例えば放射能が皮膚に付着したときなどです。このとき、皮膚の外から放射線に当たる外部被曝と、皮膚に付着した放射能が傷口などから身体の中に入ってしまって内側から被曝する内部被曝が、同時に起こる可能性があります。

そもそも人体は、「外」と「内」の境界があいまいですから、鼻や口の粘膜に放射能が付着して起こる被曝など、どちらに分類するのか微妙な被曝もあり、その中間に立つ汚染という観点も被曝防護では重要です。

さて、原発事故が起こると、原子炉内部から放射線と放射能が飛び出して来ます。原子炉から直接に出てくる放射線は、近くではものすごく値が高くて、わずかな間に浴びても致死量になるような場合もあります。また原子炉の中からだと、今、説明をしなかった中性子線という放射線が出ることもあり、これはかなり遠くまで届きます。

しかし、原子炉の中からではα線、β線はほとんど飛んで来ないし、唯一、遠くまで届くγ線も、原発の敷地外まで届くことはまずありません。

これに対して、放射線を出す原子は、集まって塊を作ります。一つの塊の中に何億という原子が入っていますが、この塊のことを「放射性微粒子」と言います。この微粒子が、風に乗り、雲に付着して遠くまで運ばれるために、放射能汚染が広がるのです。

そのため今、自分のもとに放射性微粒子が飛んで来る場面を想定すると、まずは近づいて来るにしたがって、そこから出てくるγ線に外部被曝しますが、α線はほとんど飛ばないので当たりません。ごくわずかに当たっても、皮膚の表面で分子切断を行って、そこで止まります。

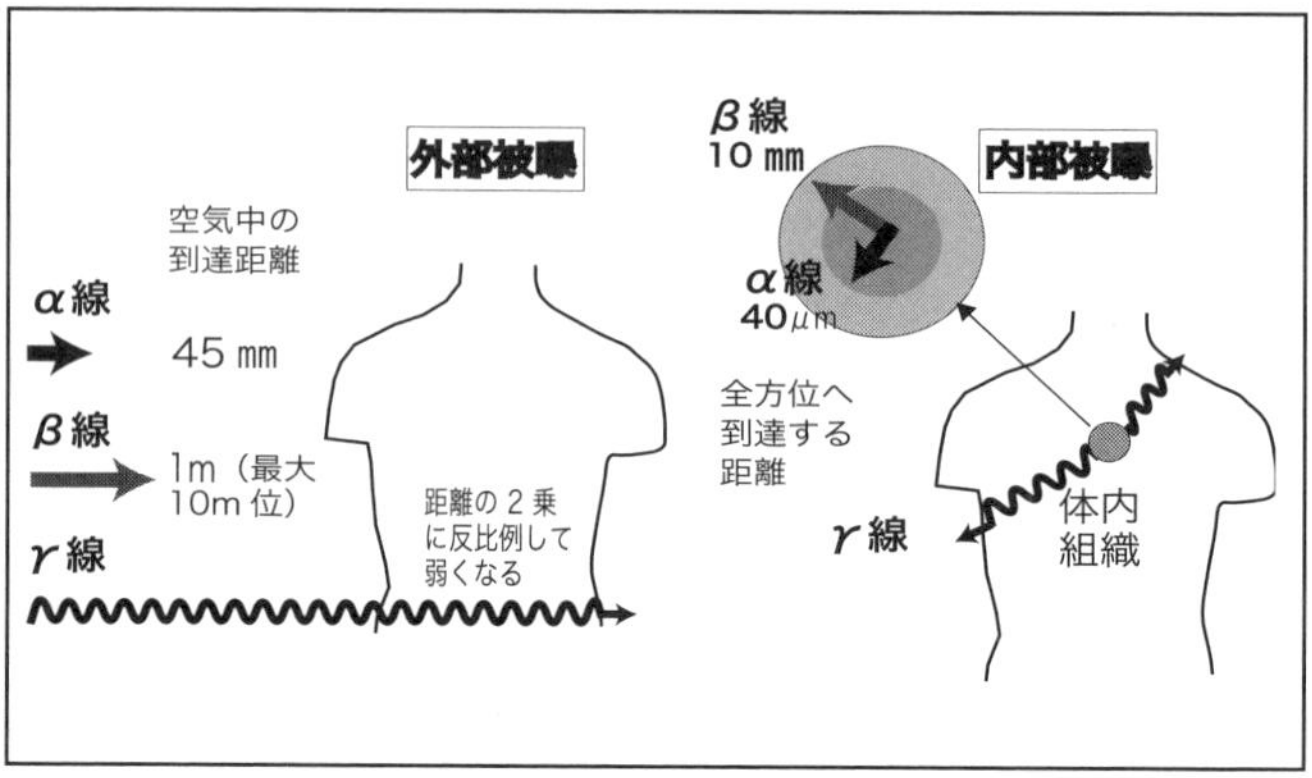

図11　外部被曝、内部被曝における放射線の到達距離（矢ヶ﨑克馬琉球大学名誉教授の図に基づく）

β線の場合、1メートル以内くらいだと外部被曝しますが、これもまた皮膚から内側に入ってきたくらいで止まってしまいます。仮に、地面の上に放射性微粒子が散らばっていて、その上にしゃがみ込んで直近から外部被曝すると、身体の中では1センチメートルくらい進むので、生殖器官の一部が危険に晒されますが、心臓などの主要な臓器レベルで考えると、直近からの外部被曝でも内臓まで届くことはほとんどありません。

　これに対して、γ線は身体を通り抜けます。そのときに分子切断も起こしますが、α線やβ線に比べるとずっとまばらに分子に当たるので、エネルギーを使い切らずに身体の外にまで出て行きます。

　これらから、放射能汚染されている地べたに座り込んでしまう場合などを除けば、外部被曝で内臓まで当たるのはほぼγ線に限られる、と言ってよいと思います。

　これに対して、内部被曝は呼吸や飲食を通じて、身体の内部に放射性微粒子を取り入れてしまい、身体の中の任意の点から放射線が出て被曝することなので、α線、β線、γ線のすべてに当たります。そのため、同じ放射性微粒子によって被曝するのであれば、外部被曝よりも内部被曝の方が、ずっと身体へのダメージ＝危険性が高いです。

しかも、α線は半径40㎛（マイクロメートル。１０００分の40ミリメートル）の球状に被曝し、β線は半径1センチメートルの球状に被曝が生じます。そこで、すべてのエネルギーが使い果たされるわけですが、いわば身体の任意の一点にウルトラ・ホットスポットができるような感じになります。

4-3 内部被曝の危険性と過小評価

このように見てくると、外部被曝と内部被曝では、単に内部被曝の方がたくさんの放射線に当たるから危険性が高いというだけでなく、当たり方もまったく違うことが見えてきます。

(1) 重要なのは被曝の具体性

というのは、主にγ線を主体とする外部被曝では、いわば全身に均一に、まばらに当たることに対し、内部被曝では身体のごくごく局所にのみエネルギーが与えられます。

ここで注目して欲しいのは、私たちのDNAの被曝への対応です。DNAは二重の鎖の内の一本を切られたときには修復されることが多いですが、二重切断になってしまうと死滅したり、誤った再結合をしてしまうことがあることを見てきました。ここから分かるのは、当然にも二重切断は、局所への密集した被曝の方が引き起こしやすいことです。つまり、当たったエネルギー総量が同じであったとしても、まばらに行われる被曝と局所に集中した被曝では、後者の方が甚大な影響を及ぼすのです。

さらに内部被曝と括られる被曝も、より具体的に見ていくと、放射能がどこに運ばれて放射線を出すのかで、まったくあり方が変わってきます。

例えば、よく知られているように放射性ヨウ素の場合は、甲状腺に集まってしまうので、そこで集中的な被曝が起こり、甲状腺がんを発症させることがあります。放射性のストロンチウムの場合だと、化学的性質がカルシウムに似ているので骨髄などに入りやすく、そこに集中的な被曝を起こすので、骨髄の中で血を作り出している「造血幹細胞」を攻撃することになり、白血病などを惹き起こすことがあります。

つまり「内部被曝」と言っても、どのような核種が、どこで放射線を発するかによっても、まったくダメージのあり方は変わってきます。しかも、その場合でも、どれぐらいの量の放射能が、どの部分に入り込んだのかによっても様子が変わってきます。

このように、外部被曝と違って内部被曝の場合は、被曝の具体性が実に多様であり、その多様さに従って人体に与える影響も大きく変わってきます。

ここで非常に重要な問題があります。今見てきたように、内部被曝は被曝の具体性があまりに多様で、人体への被害のあり方も多様であるにもかかわらず、放射線防護を国際的に司っている国際放射線防護委員会（ＩＣＲＰ）が、被曝における放射線の当たり方の具体性をまったく無視し、同じエネルギーであれば同じダメージを人体にもたらす、と断言してしまっていることです。

このためＩＣＲＰは、外部被曝も内部被曝も、「シーベルト」という同じ単位で表して、足し合わせたりしているのですが、このように同じエネルギーに換算してしまうと、被曝の具体性が切り捨てられ、内部被曝の特有の危険性が見えなくなってしまいます。このため、内部被曝の危険性が非常に過小に評価されることとなっています。

身体へのダメージを、エネルギーだけで測るのは誤りなのです。比喩的な例として、仮に被曝を針で刺されることに置き換えてみます。ＩＣＲＰの主張では、針を同じ力で刺したら身体へのダメージはどこでも同じだ、ということになります。しかし、実際にはまったく同じ力で刺されても、ほっぺたを刺されるのと目の玉を刺されるのでは、ダメージが違います。あるいは、同じ皮膚を針で刺される場合でも、まばらに数ヵ所を刺されるのと、同じところを繰り返し刺されるのとでもダメージは違ってきます。

あるいは、押しピンの例でも同じことが言えます。私たちは押しピンの平らな部分を指で押して壁などに刺しますが、それこそ壁の一部を破壊して中に入っていくピンの先に働いている力と、押しピンの平らな部分に加えられている力は同じです。しかし、片方が尖った先に力が集中するので壁を破壊して刺さっていきますが、反対側は平らな部分全体に力が分散されるので、私たちの指に刺さることはありません。これも同じ力が加わったとしても、その対象物への働き方の具体性が違えば、結果もまったく違ってくることの一例です。

私たちの身体は、実際に打撃に強く修復しやすいところと、そうでないところがあります。また一ヵ所に集中的なダメージを被ると、より傷が深くなります。針や押しピンの例は、あくまでも比喩ですが、いずれにせよ放射線被曝においては、ダメージを正しく見積もるには、被曝の具体性を見ることが重要なのです。

ところが、ＩＣＲＰはこの具体性を捨象して、γ線による外部被曝と同じように扱ってしまうので、内部被曝の人体への影響が過小評価されてしまいます。今もこの評価が通用しており、それで食品の基準値などが決められてしまっています。これは、内部被曝の危険性の社会的側面でもある、と言えます。

⑵　ＩＣＲＰ体系の誤り

なぜ内部被曝は、このように過小評価されてきたのでしょうか。答えを知るには、歴史を遡る必要があります。そうすると私たちは、放射線の人間に対する影響が初めに大規模に測られたのが、広島・長崎への原爆投下を受けた被爆者の調査を通じてだった、という事実に突き当たります。調べたのは、主にアメリカ軍の調査機関です。つまり加害者が被害者を調べたのです。

アメリカ軍が調査を行ったのは、原爆の性能＝殺傷能力を知るためでした。同時に、アメリカ軍は加害者として、原爆の被害をできるだけ小さく見積もろうともしました。放射線を使う兵器としての残虐性を可能な限り隠さないと、核爆弾投下の戦争犯罪性が明らかになってしまい、核戦略の維持も危うい、と考えられたからです。

このとき行われたのが、内部被曝による被害の大幅な切り捨てでした。物理学者の矢ヶ崎克馬さんが「隠された核戦争」と命名したもので、たくさんの被爆者が、実際には激しい内部被曝を受けたのに、被害がなかったことにされて切り捨てられてしまったのです。このようにして作られた報告書の上に立って放射線防護学を練り上げてきたのが、

ＩＣＲＰです。
この点は、ここでは十分に展開しきれないので、詳しくは岩波ブックレット『内部被曝』（矢ヶ﨑克馬・守田敏也著）をぜひお読み下さい。

同時に、ご紹介しておきたいのは、そもそもＩＣＲＰが、自分たちの体系が、科学的な安全性の追及の上には成り立っていないことを、はっきりと公言もしていることです。具体的には、放射線防護は「合理的に達成できる」線で行うと宣言しています。「合理的に」と言うのは、原子力の利用によって得られる社会的利益と、被害によって生じる人々のダメージ、および防護にかかる社会的費用を換算して、「ここまで被曝量を抑える」という線を「合理的に」決める、と言うことです。

そもそも、社会的利益や被害によって生じる人々のダメージ、防護にかかる社会的費用を換算するのは、純粋科学の領域ではありません。そこには、社会学的なファクターが入り込んでいます。交通事故などの補償金が、純粋科学で決められているわけではないこととまったく同じです。

原子力の利用による社会的利益をどのように見積もるのかは、極めてイデオロギー的な問題です。すぐにも分かるように、原子力発電の利益を非常に高いものに見積もれば、「合理的な達成水準」は原子力を推進したい側にどんどん有利になっていきます。

繰り返しますが、この点でＩＣＲＰは、自らの体系が純粋科学の上に成り立っているわけではないことを、はっきりと公言しているのです。しかし、放射線防護の場面では、この重大ポイントがしばしば忘れ去られ、あたかも放射線と人体の関係を純粋に科学的に考慮した結果、「これぐらいなら安全」という規制値が決められてきたかのように語られてしまっています。社会的にも、そう受け止められてしまっています。科学の僭称が、まかり通っているのです。

実際は違います。内部被曝が、著しく過小評価されています。その上で、「社会的利益」など社会学的なファクターを入れ込むことで、科学的な安全論とは異なる体系へと放射線防護学が移し替えられ、そのもとにさまざまな規制値が作られています。あくまでも、原子力を扱うことに非常に大きな社会的利益を認めた上でです。

この点については、中川保雄さんが書いた『放射線被曝の歴史』（明石書店）に詳述されているので参考にしてください。

実は、ここには重大問題が介在しています。医療的に厳しく管理された状態で、治療目的で行う放射線照射や放射性剤の投与による内部被曝を除き、原爆投下や原発事故で飛散した極めて多種類の放射能によって生じる内部被曝は、あまりにメカニズムが複雑すぎて、現代科学ではとても把握しきれないことです。

そもそも、あまりにたくさんの核種が飛来するので、それら一つ一つがどれだけ人体に入ったかを調べるのも難しければ、身体の中で、どこでどのように被曝影響を与えたのかを把握することもほとんど不可能です。身体の内部に、しかも隅々に放射線検知器を貼り付けることなどできないことを考えても分かります。多様な核種によっていっぺんに生じる内部被曝の実相を把握し切ることは、現代科学ではとてもできないことなのです。

私たちの身体は、非常に精妙なつくりになっており、臓器一つ一つにしても、打撃に強いところもあれば弱いところもあります。なおかつ、身体の仕組みにはまだまだ分からないこともたくさんあります。そのどこに、どれだけの量の放射能が入り込んで、どのような被曝影響が与えられたかなど、測定することは不可能です。

しかも、放射線防護学が作られたのは戦後直後です。現代と比較しても、テクノロジーの水準はずいぶん低い状態でした。当時の原子炉の制御装置よりも、私たちが日常的に使っているパソコンの方が、性能（計算速度）は格段に上です。その点から考えても、現代科学をもってしても、なかなか実相に迫ることのできない内部被曝の現実に、当時のテクノロジーで迫ることは無理な相談でした。

しかし、内部被曝の実態の把握の不可能性を認めると、実は核分裂で発生させた放射能の安全管理などを当時の科学技術ではできないことが明らかになってしまうのでした。ここが重大問題です。管理ができなければ、当然にも規制値や安全値など導出しようがないわけですから、内部被曝の実態把握の不可能性が明らかになると、核エネルギーを扱うことが社会的にできなくなる恐れがあったのです。

このため、被爆者のように、多種多様な放射性物質にいっぺんに被曝してしまう状態に置かれても、その実態を科学的に把握できる「ふり」がなされてきたのが、放射線学の実相なのです。管理できないことが露見すると、放射線防護学が根底から揺らいでしまい、原子力利用の推進に大きなブレーキがかかってしまうので回避したのです。

この点を踏まえるならば、科学に依拠しないＩＣＲＰが語る「安全論」を信じてしまうことが、いかに危険なのかがはっきりと分かる、と思います。

⑶　放射能の人体への影響について

これまで国際放射線防護委員会（ＩＣＲＰ）によって、内部被曝が過小評価されてきたことを指摘してきましたが、このことが如実に反映されていることの一つが、チェルノブイリ原発事故による被害を、どのように見積もるのかです。

広島・長崎で内部被曝の影響が過小評価されたことにより、放射線の影響によるとされる疾病の認定も、非常に枠が狭く設定されてきました。認められてきたのは、がんや白内障ぐらいで、チェルノブイリの被害も、この枠組みの中からしか評価されませんでした。

しかし、その後の被爆者たち自身の調査によっても、またチェルノブイリ原発事故後のウクライナやベラルーシでの政府機関による調査によっても、もっとたくさんの疾病が、放射線被曝によって起こってきたことが把握され、告発されています。

しかし、ＩＣＲＰやそれに近い立場にある国際原子力機関（ＩＡＥＡ）や国連科学委員会（ＵＮＳＣＥＡＲ）は、これらをまったく認めようとしません。「国際原子力村」がこぞって、放射線の人体への深刻な影響に対する被害者の訴えを退けてきたのが、これまでの実情です。

このため、チェルノブイリ原発事故における被害報告でも、非常に大きな幅を持った相反する評価が存在することになってしまっているのですが、その幅のある評価の中でも、おそらくは世界で最も被害を小さく扱って発表しているのが、なんと日本政府です。これは福島原発事故直後に打ち出され、首相官邸ホームページに掲載された「チェルノブイリ事故との比較」という文章を読めば分かります。以下、内容をそのまま転載します。

チェルノブイリ事故との比較

平成23年4月15日

http://www.kantei.go.jp/saigai/senmonka_g3.html

チェルノブイリ事故の健康に対する影響は、20年目にWHO、IAEAなど8つの国際機関と被害を受けた3共和国が合同で発表し、25年目の今年は国連科学委員会がまとめを発表した。これらの国際機関の発表と東電福島原発事故を比較する。

1　原発内で被ばくした方

○チェルノブイリでは、134名の急性放射線障害が確認され、3週間以内に28名が亡くなっている。その後現在までに19名が亡くなっているが、放射線被ばくとの関係は認められない。

○福島では、原発作業者に急性放射線障害はゼロ。

2　事故後、清掃作業に従事した方

○チェルノブイリでは、24万人の被ばく線量は平均１００ミリシーベルトで、健康に影響はなかった。　＊福島では、この部分はまだ該当者なし。

３　周辺住民

○チェルノブイリでは、高線量汚染地の27万人は50ミリシーベルト以上、低線量汚染地の５００万人は10～20ミリシーベルトの被ばく線量と計算されているが、健康には影響は認められない。例外は小児の甲状腺がんで、汚染された牛乳を無制限に飲用した子供の中で６０００人が手術を受け、現在までに15名が亡くなっている。福島の牛乳に関しては、暫定基準３００（乳児は１００）ベクレル／キログラムを守って、１００ベクレル／キログラムを超える牛乳は流通していないので、問題ない。

○福島の周辺住民の現在の被ばく線量は、20ミリシーベルト以下になっているので、放射線の影響は起こらない。

一般論としてＩＡＥＡは、「レベル７の放射能漏出があると、広範囲で確率的影響（発がん）のリスクが高まり、確定的影響（身体的障害）も起こり得る」としているが、各論を具体的に検証してみると、上記の通りで福島とチェルノブイリの差異は明らかである。

長瀧重信　長崎大学名誉教授

（元〔財〕放射線影響研究所理事長、国際被ばく医療協会名誉会長）

佐々木 康人 （社）日本アイソトープ協会 常務理事
（前〔独〕放射線医学総合研究所理事長、前国際放射線防護委員会〔ＩＣＲＰ〕主委員会委員）

首相官邸のホームページに今も掲載されているこのコラムでは、チェルノブイリ事故では急性障害で28人が亡くなり、小児甲状腺がんで15名が亡くなったとされています。合計で43名が、首相官邸が世に出しているチェルノブイリ原発事故による死亡者の数です。

これは、ＩＡＥＡが２００６年に提出した報告に基づいているものですが、ＩＡＥＡの場合、これに加えて、今後、チェルノブイリ事故の影響で死亡する人々の数を約３９６０人と見積もっており、全体では４０００人が犠牲で亡くなるとしているのです。ところが首相官邸ホームページの発表では、これから亡くなる可能性があるとされた、この３９６０人のことが書かれていません。そのため、あたかも死者43人のみが、チェルノブイリ原発事故の犠牲者としか読めない書き方になっています。世界で一番過小な評価とは、そういう意味です。

これに対して、最も被害者の数を多く見積もっている見解は、２００９年にアメリカのニューヨーク科学アカデミーから出版された *Chernobyl: Consequences of the Catastrophe for People and the Environment* （邦訳『調査報告　チェルノブイリ被害の全貌』岩波書店）です。

執筆者はアレクセイ・Ｖ・ネステレンコ（ベラルーシ放射線安全研究所）、ヴァシリー・Ｂ・

ネステレンコ（同研究所）、アレクセイ・V・ヤブロコフ（ロシア科学アカデミー）、ナタリア・E・プレオブラジェンスカヤ（チェルノブイリ大惨事からウクライナの子どもを救済する基金代表）ですが、同書はスラブ系言語を中心とした５０００以上の論文をまとめたものでもあります。著者たちは、死亡者数について以下のように結論しています。

１９８６年4月から２００４年末までの期間における、チェルノブイリの大惨事に由来する死亡総数は、過剰死亡数１０５万１５００人と推計される。（同書Ｐ１８０）

詳細な調査研究によって、ウクライナとロシアの汚染地域における１９９０年から２００４年までの全死亡数の４％前後が、チェルノブイリ大惨事を原因とすることが明らかになっている。その他の被害国で死亡率上昇の証拠が不足していることは、放射線による有害な影響がなかったという証明にはならない。

本章の算定は、不運にチェルノブイリに由来する放射性降下物の被害を被った地域で暮らしていた数億人のうち、数十万人がチェルノブイリ大惨事によってすでに亡くなっていることを示唆する。チェルノブイリの犠牲者は、今後数世代にわたって増え続けるだろう。（同書Ｐ１８１）

首相官邸のホームページに記載された死亡者数は43人、ニューヨーク科学アカデミーから出版された研究書では１０５万１５００人。圧倒的な差異というしかありませんが、同書の著者たちは、「序論　チェルノブイリについての厄介な真実」の中で、こうした差異について以下のように述べています。

大惨事後まもなく、懸念を抱いた医師たちは汚染地域で疾患が著しく増えていることに気づき、支援を求めた。原子力産業と関わりのある専門家は、チェルノブイリの放射線に関して『統計的に確かな』証拠はないと権威的に宣言する一方で、公式文書では、大惨事に続く10年間に甲状腺がんの数が『予想外に』増えたことを認めている。ベラルーシ、ウクライナ、ヨーロッパ側ロシアの、チェルノブイリ事故によって汚染された地域では、１９８５年以前は80％の子どもが健康だった。しかし、今日では健康な子どもは20％に満たない。重度汚染地域では、健康な子どもを1人でも見つけることは難しい。

汚染地域での疾病の発生が増えたことを、集団検診の実施や社会経済要因に帰することは不合理だとわれわれは考える。唯一の変数は放射能負荷量だからだ。チェルノブイリに由来する放射線の悲惨な影響には悪性新生物と脳の損傷、とりわけ子宮内での発育期間中に被る脳の損傷がある。

なぜ専門家の評価にこれほどの食い違いがあるのか。

理由はいくつかある。1つには、放射線による疾患に関して何らかの結論を出すには疾患の発生数と被曝線量の相関関係が必要だと、一部の専門家が考えているからである。これは不可能だとわれわれは考える。最初の数日間、まったく計測が行

> われなかったからだ。当初の放射線量は、数週間から数か月たってやっと計測された値よりも１０００倍も高かった可能性がある。場所によって変わり、『ホットスポット』も形成する核種の沈着を算出すること、セシウム、ヨウ素、ストロンチウム、プルトニウムなど全同位体の付加量を計測すること、あるいは特定の個人が食物と飲み水から取り込んだ放射性核種の種類と総量を計測することは、いずれも不可能だ。
>
> 第２の理由は、一部の専門家が、結論を出すには、広島・長崎の被ばく者の場合と同様、放射線の影響は放射線の総量にもとづいて算出するしかないと考えていることである。日本では原子爆弾投下直後の４年間、調査研究が禁止されていた。この間に、もっとも弱った者のうち10万人以上が死亡した。チェルノブイリ事故後にも同じような死者が出た。しかし、旧ソ連当局は医師が疾患を放射線と関連付けることを公式に禁止し、日本で行われたのと同様、当初の３年間はすべてのデータが機密指定された。
>
> （ＰＸＶ、ＸＶＩ）

著者たちが指摘しているように、原爆被害後にアメリカ軍は調査を独占し、軍以外による研究を禁止しました。この間に、およそ10万人以上の被爆者が亡くなっていきましたが、その多くのデータが広島・長崎の被害調査に反映されませんでした。

これと同様のことが、チェルノブイリでもあったことが指摘されています。原爆においても原発事故においても、被曝調査が政治や軍事によって著しく歪められてきているのです。

なお、著者たちの研究は、２０１１年４月に公表された『ウクライナ政府報告書』にも反映されています。ここでも、ＩＣＲＰが認めている以外の実にたくさんの全身にわたる病の発生が報告されていますが、同じように国際機関はその妥当性を認めようとはしていません。

繰り返しますが、このように放射線被曝、特に低線量内部被曝の影響は、著しく過小評価されてきています。これを元に原子力施設の社会的容認論、受忍論が唱えられ、さらに昨今では、まだ放射線値が十分に下がっていない福島県内の厳しい被曝地への、人々の帰還の強制にすらつながっています。

このようなものに身を委ねていてはいけません。ＩＣＲＰや日本政府の安全論に騙されていては、私たちは命を守れません。放射線とは何か、放射能とは何か、被曝とは何かという問いの結論として、私たちはこのことをしっかりと胸に刻む必要があるのです。

第5章

放射線被曝防護の心得

5-1 被曝を防ぐために―その1、ヨウ素剤を飲む

これまで、放射能と放射線とは、どういうものなのかについて見てきました。これを踏まえて、いよいよ被曝を防ぐには、どうしたらよいのかを論じていきたいと思います。

(1) 安定ヨウ素剤の必要性と飲むタイミング

初めに、被曝防護の中で特殊な方法としてある、安定ヨウ素剤の服用について説明したいと思います。なぜ特殊なのかと言うと、今のところたった一つ、薬で防げる被曝が、放射性ヨウ素による甲状腺被曝だからです。安定ヨウ素剤は、最近になって原発の5キロメートル圏内で配られたりしているので、ニュースで耳慣れていると思いますが、副作用などについての誤った理解も広がっているので、ここでしっかりと学んでおきましょう。

放射能の説明のところで触れましたが、もともと自然界には安定ヨウ素がたくさんあります（ここでは、自然界にある安定ヨウ素を「ヨウ素」とだけ書きます）。身体はミネラルとして毎日

これを取り込んでいます。昆布などの海産物にたくさん含まれています。

原発事故が発生した場合、原子炉内で生成された、自然界にはない放射性ヨウ素が飛んで来て空気中のヨウ素と結びつき、これが呼吸を通じて身体の中に入って来るわけですが、そのとき私たちの身体は、ヨウ素を放射性のものか、そうでないものかを見分けられないために、身体によいミネラルと判断して取り込んでしまいます。

普通の食物の場合、例えばアルコールであれば、ある程度は肝臓で分解されて、その日のうちに腎臓から排出されて体外に出ていきますが、放射性ヨウ素は甲状腺に送られて蓄積されてしまいます。甲状腺ホルモンを作るためにです。そして、そこで放射線を出して甲状腺を被曝させてしまうのです。

日本に長く住んでいる人々の場合、海外の内陸部で生活している人々に比べて、海産物を日常的にたくさん食べていることが多いため、身体にとってヨウ素はかなり足りている状態です。ヨウ素欠乏症の人なら、身体に入ってきたヨウ素をどんどん甲状腺に取り入れてしまいますが、ヨウ素がたっぷりな状態なら、それ以上、どのようなヨウ素も甲状腺に入ることはありません。

甲状腺を自動車のタンクに例えてみます。海外の内陸部で生活している人々は、甲状腺という車のタンクに４割ぐらいしか自然のヨウ素が入っていません。これに対して日本で生活している人々の甲状腺タンクは、いつでも８割から９割ぐらいはヨウ素が入っています。そのため、放射性のヨウ素が飛んで来たときに問題になるのは、残りの２割から１割の空いている部分です。

このため、放射性ヨウ素が飛んで来る前に、自然界にあるものと同じ身体によいヨウ素で甲状腺のタンクを満たしておけば、放射性ヨウ素が素通りしてくれるだろう、というのが安定ヨウ素剤服用の意義です。

このため原発事故が起きて、放射性ヨウ素が飛んで来て、身体がすでに取り込んでしまったあとから自然のヨウ素を取ってみても、すでに放射性ヨウ素が甲状腺のタンクの中に入ってしまっていたら意味がないことになります。より詳しく見ると、放射性ヨウ素の取り込みから6時間以上経ってから、安定ヨウ素剤を服用しても、ほとんど防護効果がないとされています。

これと反対に、原発事故が起こったものの、まだ放射性ヨウ素が飛んで来ないのに、例えば数日前にヨウ素剤を飲んでしまうと、ヨウ素は時間が経つにつれてどんどん体外に排出されていくので、いざというときに再びタンクに隙間ができていて、そこに入ってしまうことになります。このため、適切な時期に、適切な量を取ることが大事です。

どれくらいが目安になるのかと言うと、おおむね放射性ヨウ素が飛んで来る24時間前に安定ヨウ素剤を飲めば9割以上は防護できる、とされています。安定ヨウ素剤を飲んでから、最低1日は十分持つとされています。ただし、研究報告によると4時間ぐらい遅れても、6割から8割ぐらい効果はあるのではないか、と言われています。呼吸で取り込まれたヨウ素が、甲状腺に到達するまでに、それなりの時間がかかるためです。これにより、口から飲み込んで、胃腸で吸収された安定ヨウ素剤が、それなりに追いついてくれるわけです。このため、放射性ヨウ素が飛んで来てからでも慌てずに安定ヨウ素剤を飲めば、それなりの効果は得られますが、６時間を過ぎると効果はなくなります。この点を踏まえて、安定ヨウ素剤を慌てずに飲むことが必要です。

⑵　安定ヨウ素剤を飲むに当たっての諸注意

誰が、安定ヨウ素剤をどれくらい飲むことが必要なのかですが、高齢者には若い人に比べて影響が少ないと言われています。しかし、これはあくまで通常の被曝に対してのもので、高濃度の被曝を想定したものではありません。そのため、医師会のガイドラインでも、一般の高齢者も念のために服用した方がよいとされています。

注意が必要なのは、結核病患者の方です。ヨウ素剤は、結核を一時的に悪くさせる作用を及ぼす場合もあり、「禁忌」と表示されている場合もあるからです。しかし、それよりも被曝によって甲状腺がんを発症した方が、将来的に重篤な結果を生むので、たとえ結核があっても服用すべきだ、と本書では考えます。

妊婦さんの場合、放射性ヨウ素は、胎盤で留まらずに透過してしまうことが分かっています。そのため自分だけでなく、胎児を守るためにも飲むべきです。長期に服用すると、胎児の脳下垂体に働いて一過性の成長障害が起き得るとも言われていますが、薬を飲む期間を一定に限れば、その心配はない、とデータ化されています。

一方で、ヨウ素にアレルギーのある方はどうかです。病院などでは、ヨウ素はこれまでも使われてきました。脳動脈瘤やくも膜下出血などを診断するために、血管を造影するため、あるいは循環器系の血管を造影するためにです。このとき、ヨウ素系の造影剤を注射して検査を行うのですが、そのときに１００人に１人か２人くらいは、じんましんが出るそうです。

ヨウ素系造影剤を使った後に、数は少ないものの、24時間以内にアナフラキシーショック*を起こして死亡した事例もあります。そのために、ヨウ素剤使用による副作用の心配が語られるようになったのです。

しかし、医師が注射器を使って静脈内に投与するのと、口から飲むのとでは条件が大きく違います。血液の中に医師が投与する場合は、化合物化しているヨウ素剤がイオンとしてヨウ素とそのほかのものに分かれるため、血液中の酸素と結びついて合併症になる場合があるのです。これに対して、口から飲む安定ヨウ素剤は、しっかり結合した化合物（ヨウ化カリウム）になっていて、他のものと結びつくことがないので、注射器を使って血液の中に医師が投与するものより、安全性が高いのです。

それでは、注射によるイオン状態での血中投与で、どれくらい深刻な副作用があるのかと言うと、多くの人々が受けているインフルエンザ予防注射の場合の深刻な副作用の発生率が０・００２％であることに対して、ヨウ素剤の場合の深刻な副作用の発生率は、20分の１の０・０００１％です。ましてや、経口投与の場合は、もっと低くなります。副作用の発生率がそれくらいである以上、いざというときは、安定ヨウ素剤をぜひ飲んだ方がよいです。

ただし、これまでにヨウ素剤に激しくアレルギーを起こした経験のある方については、服用を避けてください。その場合、安定ヨウ素剤で甲状腺を守ることはできないので、

アナフラキシーショック（anaphylactic shock）

個人差はあるが、一般に食べ物、虫刺され、薬物によって、短時間に出る全身性のアレルギー（抗原＝抗体反応）症状。短時間に低血圧・呼吸困難・下痢などが起こり、生命の危険をともなうこともある。日本におけるアナフィラキシーによる年間死亡者数は、２０１１年に71名に上った（厚生労働省調べ）。

より一刻も早い避難が必要です。

この薬を製造・販売している日医工＊の製品の場合、投与する量は、大人で1回2錠です。1錠の中の安定ヨウ素の量は50㎎（ミリグラム）です。日医工の説明書によれば、13歳以上には1回１００㎎、3歳以上13歳未満には1回50㎎、生後1ヵ月以上3歳未満には1回32・5㎎、新生児には1回16・3㎎を経口投与することと指示されています。

これが基本であることを踏まえつつ、副作用が非常に小さいことを踏まえて、いざというときは、おおむねこれらの投与する量に近ければよし、として問題はありません。

一例として、安定ヨウ素剤服用についてHPで説明している福島県いわき市は「3歳未満のお子さんに服用させる場合には、1丸分をスプーン等で押しつぶし、分割して適量を与えてください」と説明しています。生後1ヵ月以上3歳未満には3分の2丸、新生児には3分の1丸です。ただし、子どもは丸薬を飲み込みにくいので、シロップなどに混ぜて飲ませるように奨励しています。

(3) 事前の学習の必要性

福島原発事故のとき、実際にはどうだったのかの教訓を振り返っておきたい、と思います。

多くの人々が、福島原発事故まで安定ヨウ素剤の存在を知りませんでした。しかし、原発周辺の自治体には安定ヨウ素剤は配られていて、十分にありました。しかし、ほとんど服用されませんでした。多くの自治体が、いつどれだけ飲むのか、副作用はないか、

日医工（日医工株式会社）
富山県富山市に本社を置くジェネリック医薬品（後発医薬品）メーカーの最大手。ジェネリック医薬品は、先発医薬品と同じ有効成分を含み、ほとんどの場合、低価格であるため、年々膨らむ医療費対策として、国もジェネリック医薬品の使用を推奨している。

などの判断ができず、配布しなかったからです。積極的に配布したのは、福島県の中でも三春町ぐらいでした。ちなみに福島原発からの三春町役場までの距離は48キロです。

実は、これには重要な裏事情がありました。国側が、服用を止めていたのです。具体的には、事故直後の3月14日に、国が所管する放射線医学総合研究所が、「指示が出るまで、勝手にヨウ素剤を服用してはいけない」とする文書を発表しました。さらに18日には、県の「放射線健康リスク管理アドバイザー」に就任した山下俊一氏が、「福島原発から30キロメートルほど西に離れれば、被曝量は（年間限度量の）1ミリシーベルト以下でヨウ素剤配布は不要」と、医大の医師たちを前に強調しました。この医師たちの権威の前に、自治体は配布をためらったのでした。

このとき、福島県立医大は、患者や県民に山下発言をそのまま伝えて、安定ヨウ素剤の服用を勧めませんでした。しかし、医師たちが秘かにヨウ素剤を飲んでいたことが、後に明らかになりました。曝露記事を載せたのは、雑誌『ＦＲＩＤＡＹ』２０１４年３月７日号です。記事のタイトルは、「安定ヨウ素剤を飲んでいた県立医大医師たちの偽りの『安全宣言』」です。

事実だとすれば、もはや犯罪的であると言わざるを得ませんが、このとき、国や県は、多くの人々が事故実態を知って危機感を抱くことそれ自体を恐れたのではないか、と思われます。「パニック過剰評価バイアス」が犯罪的に高じ、県民に危機を教えず、被曝の防ぎ方すら閉ざしてしまったのでしょう。

にもかかわらず、このことも、何ら処罰されていないので、同じことが起こる可能性があります。そのため、実際の事故のときはいち早く、放射性ヨウ素による甲状腺被曝から身を守るために安定ヨウ素剤を自主的に飲む必要があります。

先にも述べたように、福島県の例では、唯一、三春町が、こうした国や県の妨害を突破し、「服用してはならない」という県のむごい指示をも無視して、安定ヨウ素剤配布を決定しました。しかも、三春町は町民でチェルノブイリ原発事故以来、ガイガーカウンターを保持して放射線計測を行ってきた方と連携、結果的に最もよいタイミングで町民に配布と服用の指示が出せました。しかもこのとき、三春町は安定ヨウ素剤を取りに来た町民に、一刻の猶予もないという判断から、その場で飲むことを勧め、結果的に相当数の町民に安定ヨウ素剤を服用してもらうことができました。事故時の三春町役場のこの対応は、快挙でした。

しかし、安定ヨウ素剤を持ち帰った方の中には、とうとう飲まなかった方もおられました。そのうちの一人の方に会って理由を尋ねてみると「赤いビニールに包まれているので怖かった」からだと言います。

実際、安定ヨウ素剤は、丸薬の形で赤いビニールに包まれている場合が多いのですが、赤を使っている理由は、この薬が太陽光線に弱いので遮光するためなのです。しかし、赤＝危険な薬と間違ってとらえてしまい、飲めなかった方もいたのでした。

このことが示していることは、安定ヨウ素剤があっても、どの時期に飲んだらいいのかという知識がなかったり、副作用に関する知識が不十分で、怖がってしまうと、実際のときにはなかなか的確に飲めない、ということです。

このため求められるのが、事前の学習とシミュレーションなのです。安定ヨウ素剤の必要性と副作用の実際（ほとんどないこと）、なぜ飲まなければならないのかを、周りの方と事前にしっかりと学習しておくことが大切です。そうすれば、いざというときに副作用など気にせずにしっかりと飲んで、甲状腺を守ることができます。

ただし、現実には、身の周りで事前の学習がされていない方がおられる場合もあります。そのときは、強く服用を勧めていただきたいのですが、その場合も、非常に理に適っていたのが三春町での配布方法であったことを、押さえておきたいと思います。

というのは、三春町は一刻を争っていたので、その場で飲むことを勧めたわけですが、実はこの方式こそが、多くの方がきちんと飲むことに結果していたのです。なぜかと言うと、安定ヨウ素剤は副作用の可能性が過度に強調されてしまっており、その上に赤いビニールに包まれていることもあって、危険な薬だと誤解されてしまう面があります。

そのために、家に持ち帰ったら怖くなって飲めなくなった方がいたのですが、そのような気持ちにある場合、実際に飲んだときにプラセボ（偽薬）効果で、副作用のような症状に至ってしまう場合もあります。プラセボ効果とは、熱が出ているときに、名医がうどん粉をこねたものを「特効薬ですよ」などと言って渡して飲ませただけで、本当に熱が下がってしまうような効果のことです。人間の精神作用が、身体状況に大きく影響を及ぼして、薬が成分に関係なく効果をもたらしてしまうのです。

このため、反対に怖いと思って薬を飲むと、原発事故での不安な心と相乗効果を及ぼし、動悸が激しくなるなどしてしまい、薬の副作用が始まったと勘違いして、実際に体調が悪くなってしまう場合もあるのです。

　では、こうしたときにどうすればよいのかと言うと、周りにたくさんの人がいる場で薬を飲んでもらうことなのです。周りで一緒に飲んでいる方がいると、人は安心しやすいからです。その点も踏まえた上で、不安な方がいる場合は、集まって飲むのが合理的で、その意味でもこのときの三春町の勧め方は非常に理に適っていたのです。

　残念なのは、家に持ち帰ってしまったために、その後に不安になって飲めなかった方です。本書は、そうした方からの聞き取りを、わずか一例だけ行っただけでこの点をご紹介しているので、これはごくまれな例であったかもしれません。しかし、ここでは三春町の配り方が理に適っていたことをご紹介すると共に、それでも事前学習がなければ、持ち帰って飲まない方が出てしまうこともあった、ということを強調しておきたいのです。

　なお、三春町は、幼児や乳児に対してはどうしたのでしょうか。日医工は、幼児や乳児には粉末剤を使って、先ほどご紹介した決められた量をシロップ化して飲ませることを指示しています。しかし当時、三春町にはそんな余裕がありませんでした。そのため、丸薬をハンマーでたたきつぶして、適量を子どもたちに与えたそうです。それで十分に効果があったと思われること、英断であったことを、ここで強調しておきたいと思います。

　というのは、仮に乳児が倍量飲んでも、医学的には「嘔吐支援など医師援助をするな」という指示が出ているくらいだからです。むしろ誤嚥性肺炎の方が危険性が高い、と指摘されているのです。その点で、わずかに多めの量を与えたとしても何ら問題はないし、事実、三春町でも、薬の副作用に関する問題は何も起こりませんでした。

(4) 安定ヨウ素剤の入手法

さて、肝心の安定ヨウ素剤は、どのように入手したらよいのでしょうか。

この薬は、薬事法の規定によって、医師の指示がなければ、現在では購入できません。しかし、国外ではこの規定を受けないので、輸入品としてなら買うことができます。インターネットで調べれば、簡単に購入できます。安定ヨウ素剤をすぐに手に入れたい方は、この方法で入手してください。

価格も安いです。国内で買えば、2錠で10円ぐらい。輸入だと高くなりますが、それでも2錠で80円ぐらいでした（10錠×10シートで4000円弱で販売していました）。

しかし、いざというときには、できるだけたくさんの方に服用していただきたいですから、やはり理想は、お住まいの行政に住民分を購入してもらうことです。ぜひ、それぞれで行政に掛け合って、安定ヨウ素剤の購入を請願してください。

その場合、個人の服用量としては、どれくらいを持てばよいでしょうか。先にも述べたように、この薬は放射性ヨウ素が来る前に飲まなくてはなりません。しかし、実際には放射性ヨウ素がいつ飛んで来るのか推論することは、きわめて難しいです。

そうであれば、最も合理的なのは、事故が過酷に進行し出しており、避難が必要だと判断したら、すぐに飲んでしまうことです。効果は24時間ですから、24時間後にまた連続して飲めばよいのです。このようにして、放射性ヨウ素の被曝の恐れがなくなるまで飲み続けます。

ただし、大前提として確認すべきことは、安定ヨウ素剤で防げるのは放射性ヨウ素による甲状腺被曝だけだ、ということです。これまでも見てきたように、原発事故ではもっと多様な放射能がさまざまな形で飛んで来ます。この中で防げるのは、放射性ヨウ素だけなのですから、安定ヨウ素剤を飲まなくてはいけないときは、同時に避難を行わなければならないときです。避難の最中に、万が一、放射性ヨウ素を含んだ放射能雲に追い付かれたときのために飲むのだ、とも言えます。とにかく、放射能が来てからではなく、来る前に安定ヨウ素剤を飲んで、すぐに避難を決行してください。

このように考えるならば、安定ヨウ素剤は事前配布されているのが理想です。いざというときに、安定ヨウ素剤を取りに行く時間が無駄になるからです。行政の側も、職員が安定ヨウ素剤を配布するために時間と労力を割かれることになります。そのため、理想的にはそれぞれがあらかじめ持っていた安定ヨウ素剤を、声を掛け合って一緒に飲んで、そのまま避難するのがよいのです。これらを考えると、安定ヨウ素剤は数日分を持っておくのがよい、と言えます。

また、安定ヨウ素剤が手に入らないときの、代替も考えておいた方がよいです。行政が備蓄に応じてくれないところもあるでしょうし、危機意識が低くて、事前に自分で調達していない人、また自分では調達できずに薬を持っていない子どもたちに接することもあるだろうからです。こうした場合に、自分の備蓄分も子どもに分けてあげたくなるのが人情です。

そのときには、どうしたらよいのか。実は単純で、海産物から取ればよいのです。具体的には、昆布を煮出して煮汁を飲みます。

安定ヨウ素剤は、普通の大人が飲む量でも100ミリグラムです。だし昆布に入っている量が、味噌汁1杯5ミリグラムくらいであり、20杯で100ミリグラムです。子どもだったら、10杯分です。これを、普段、味噌汁を作るときより、たくさんの昆布を入れて、かなり濃い目の煮汁を作ってしまえばよいのです。煮出した場合、肝心のヨウ素は95%が煮汁に移行するそうです。ですから、これを飲めばよいのです。

より正確さを期しておきましょう。文科省の「食品成分データベース」によれば、10グラムのマコンブに含有されているヨウ素は24ミリグラムですので、40グラムのマコンブからだし汁を作っておけば十分な量を取ることができます。

ただし注意すべきことは、このときに昆布をそのまま食べないほうがよい、ということです。乾燥昆布が、腸の中で水分を吸収して詰まり便秘になったり、ひどいときには腸閉塞を起こすこともあるからです。例年、全国で、このために亡くなる高齢者がいるほどです。ですから、高齢者ほど、昆布をそのまま食べないでください。また、食べて摂取するよりも、煮汁からの方がずっと早く、必要量を摂取できます。食べて十分な量を摂取するには、たくさんのコンブを食べなければなりません。

(5) 放射性ヨウ素には、いつまで気を付ければよいのか

放射性ヨウ素からの被曝を避けるために考えておくべきこととして最後に押さえておくべきことは、放射性ヨウ素の半減期です。同位体のところで学んだように、放射性ヨウ素もたくさんの種類があります。その中で量が多いものがヨウ素１３１ですが、半減期は８日です。このため80日経つと約１０００分の1になります。

この他、主なものとしてはヨウ素１２９、１３２、１３３などがあります。このうちヨウ素１２９の半減期は、なんと１６００万年。これだけ長いと、反対に非常にゆっくりと放射線を出し、生成される比率も高くないので、ここでは考察の外においてしまってかまいません。

これに対して、ヨウ素１３２の半減期は２・3時間。ヨウ素１３３は20・８時間です。ヨウ素１３２は23時間で１０００分の1になり、ヨウ素１３３は２０８時間で１０００分の1になります。その間に大変な量の放射線を出しますから、この時期に被曝することは何としても避けたい対象です。

それらも踏まえて考えるべきことは、放射性ヨウ素からの被曝防護は、おおむね原子炉の中の核分裂反応が止まってから80日以上の間は考え続ける必要がある、ということです。

もちろん１０００分の1と言っても、最初に出てきた総量が多ければ具体的な数値は変わるわけですから、念のため、さらに日にちをプラスして考えた方がよいでしょう。88日目で約２０００分の1、96日目で約４０００分の1、１０４日目で約８０００分の1であることを見ておくとよいです。

少なくともこの間は、放射性ヨウ素による甲状腺への被曝の可能性があることを考えて、万が一何らかの事情で、この時期に被曝地を訪れなければならないときも、ぜひとも安定ヨウ素剤を服用してください。

稼働していない原発の燃料プールでの水抜け事故の場合、それだけでは新たな放射性ヨウ素は発生しません。しかし、溶け出した燃料が不意に集まって自発的に核分裂が始まり、臨界が成立してしまう場合は、新たに放射性ヨウ素が発生してくるので、この場合も安定ヨウ素剤の服用が必要です。ただし、核分裂が起こったかどうかという情報は、これまでの例からも、すぐに伝えられないでしょうから、燃料プールに何か深刻なことが起こったとき、避難が必要となったときは、念のために安定ヨウ素剤を服用した方がよいです。

以上、ヨウ素について考察してきましたが、放射性ヨウ素が人体に及ぼす影響と、安定ヨウ素剤服用の意義についてのここでの著述は、兵庫県立医科大学放射線科に属し、篠山市原子力災害対策検討委員会委員も務める上紺屋（かみこんや）憲彦先生から教えていただいた知識に依っていることを、ここに感謝と共に記しておきたいと思います。

5-2 被曝を避ける―その2、放射線をかわす、被曝を減らす

続いて放射性ヨウ素以外の被曝の避け方を考えたいと思います。先にも述べたように、何かをあらかじめ飲むことで被曝が防げるのは、放射性ヨウ素による甲状腺被曝だけです。その他のものは、被曝をかわすことが核心となりますが、そのためには前提的知識として、原子炉から出てきた放射性原子は、どのような状態で外に飛び出したのか、私たちの周りにどのようにして存在し得るのか、あるいは存在しているのかを知ることが大事です。

(1) 放射性原子は、どのような状態で飛んだのか

原子炉の中から出た放射性原子は、どのような状態で外に飛び出したのかと言うと、一定の推論は重ねられてきているものの、実はこの点はいまだ研究中の領域であることを知る必要があります。というのは、原子炉の中にはたくさんの物質が存在しており、それぞれに性質が違うので、それらがどんな形で飛んだのか実態がつかみにくいからで

す。また放射能のうち半減期の短いものは、ごく初期に測定しない限り、その多くが把握されないうちに消えていってしまいます。正確には、壊変して違う物質になるので、消えるわけではありませんが、福島原発事故においても政府が積極的に測定をしなかったために、放射性ヨウ素131ですら、どこをどのような形で被曝させたのか、きちんと把握されていません

これに対して事故後に、各地で計測された放射能のうち、最も多かったのが放射性セシウムでした。主にセシウム134と137ですが、半減期がそれぞれ2年、30年あり、事故後何年にもわたって測定が可能なので、セシウムがどのように原子炉から飛び出したのかが、研究の中心的対象になってきました。

当初からなされてきた大方の推測は、メルトダウンによって炉内が高熱化したときに、セシウムが気化して外に飛び出し（セシウムの沸点は670・8℃）、大気の中に浮遊している鉱物粒子や硫酸塩などに付着して飛んだのではないか、というものでした。実際に、そのような飛散があったことも確認されてきました。このように、気体の中に微粒子が含まれた状態を「エアロゾル」と言います。

ところが、その後の研究で、違う状態で飛散したものもあったことが分かってきました。2014年12月21日にテレビ放映されたNHKサイエンスZERO「シリーズ原発事故13　謎の放射性粒子を追え」で報道された内容によると、新たに発見されたのは、セシウムを含んだ粒子でした。ガラス状の物質に封じ込められていました。

捕捉したのは、茨城県筑波市の気象研究所でした。ここで長い間、エアロゾルが採取

され、福島原発事故直後も飛んできたエアロゾルの採取が行われていましたが、このとき捕まえられたものから出た放射線値は、事故前の通常時の値の１０００万倍もありました。

このエアロゾルを分析する中から、鉱物粒子や硫酸塩とはまったく違った物質の中に、放射性セシウムがあることが発見されました。見つかったのは、直径２・６㎛（マイクロメートル）の球状の物質で、放射性セシウムを示すγ線が出ていました。研究を進めた結果、この物質の中にセシウム１３４と１３７が、それぞれ３ベクレル含まれており、総重量の５・５％がセシウムであることが分かりました。

従来、考えられていた硫酸塩などと大きく違うのは、硫酸塩が水に溶けることに対して、この物質は水に溶けず、強い酸にも溶けにくいことでした。ガラス状の物質にさまざまな物質が混じり合っていました。

多く含まれていたのは、ケイ素、鉄、亜鉛でした。この他、マンガン、クロムなど、いずれも原子炉の構造物や冷却水に含まれているものでした。これと同時に、核燃料のウランやウランの核分裂によって生じるルビジウム、ジルコニウム、モリブデン、銀、スズ、アンチモン、テルル、セシウム、バリウムが見つかりました。これらの多くが放射性物質です。これと共に、核燃料の被覆管の素材である放射性でないジルコニウムやスズも含まれていました。

ここから分かることは、メルトダウンが起きたとき、燃料棒の中に入っていたウランや核分裂によって作られたさまざまな放射性物質と、原子炉を形作っている素材の金属がドロドロに溶け合って混交し、それが大気粉塵物質となって原子炉の外に飛び出していったことでした。こうして発見された粒子は、研究者たちによって「セシウムボール」と名付けられました。

筑波の研究所で3月14日、15日に観測されたものには、この水に溶けないセシウムボールが8割ほどもありましたが、20日から21日にかけてのものは反対に水溶性のものばかりでした。ここから推測されるのは、その時々で原子炉の中の状態が違い、粒子の形成のされ方も、その中身も変化していった、と思われることです。

この非水溶性のセシウムボールは、どこまで飛んでいったのか。シミュレーションによって、茨城から千葉、東京、神奈川、静岡と流れた上で太平洋上に流れていった、と推測されています。

大事なことは、セシウムを含んだ微粒子が、水溶性の場合と非水溶性の場合で人間の身体の中の挙動に大きな違いが出ることです。水溶性の場合、胃や腸で吸収されて全身にまわった上で、やがて尿や便として排出されます。肺呼吸で入ったものも、やがて体液に溶けて身体の中を循環した上で排出されます。セシウムの場合、成人だと、このサイクルに80日から100日ぐらいかかると推測されています。もちろんこの間、被曝が続きます。

これに対して非水溶性の場合、胃や腸に吸収されたものは、それ以上体内に取り込まれないまま便として排出されるものの、肺呼吸で入ったものは肺のの胞の中に入り込んでしまい、かなりの長期にわたって存在し続けます。そのため、同番組では水溶性のものに対して非水溶性のものは大人で70倍、子どもで１８０倍の身体へのダメージがあるとしています。

しかも、身体の中に入ったセシウムボールは、他にもたくさんの放射性物質が混ぜ合わさったものであり、それがその周辺に濃密な被曝を与え続けることになります。実験データはありませんが、重大な健康被害が引き起こされる可能性が懸念されます。

このように、同じセシウム１３４、１３７という放射性核種であってすら、他のどのような物質と化学的に結合して、どのような状態で体内に入るかによって、身体への打撃力がまったく変わってくることからも、内部被曝の多様性、把握しきれない複雑さが見えてきます。

またこの「セシウムボール」とて、現代科学の最先端知識でごく最近に発見されたものので、これまで把握できていなかったものであることを考えれば、私たちは内部被曝の危険性がまだまだ解明されていないことをしっかりと認識し、だからこそ、少しでも身体に取り込まない努力を重ねていくべきです。

(2) 被曝の避け方の基礎

放射性物質の存在の仕方、水溶性のものと非水溶性のものの違いなども踏まえた上で、被曝からの防護には完璧に被曝を避けるものと、少しでも被曝を減らすものがあることを踏まえる必要があります。理想的には完璧な防護がいいに決まっていますが、反対に放射線被曝は少しでも減らした方がよいことに着目して、被曝量を減らすべく努力を重ねることも被曝の避け方の一つです。

この点を踏まえた上で、まずは外部被曝の避け方を考えていきたいと思います。これには二つの方法があります。放射線源から距離を取ることと、遮蔽をすることです。放射線が分子を切断する力、つまり電離作用の力は、距離の二乗に反比例します。だから、放射線が出ているところから距離を取るにつれて影響はどんどん小さくなります。このため、放射線の出ているところから十分な距離を取ることが有効です。

放射性微粒子が空気中を舞っている場合も、同じように、まずは被曝地から離れるのが第一。つまり、微粒子が浮遊しているところを離れる、ということです。

もう一つは、遮蔽することです。これまで見てきたように、α線やβ線はそれほど距離を飛ばないし金属板で十分防げますが、γ線はものを容易にすり抜けるので、分厚いコンクリートや鉛などによって、放射線源と自分の間を遮蔽する必要があります。

放射性微粒子が空気中を舞っている場合で、被曝地域から離れられないときは、コンクリート製の建物に入れば、被曝影響を下げられます。

また、時間による管理も有効です。どうしても外部被曝を避けられない環境に居ざるを得ないときに、滞在時間をできるだけ減らすことで被曝量を減らすのです。

これに対して、内部被曝は、放射性物質を呼吸や飲食を通じて体内に取り込んでしまい、そこから放射線に当たることですので、防ぐには、とにかく身体の中に放射能を入れないようにすることが第一であり、もう一つは、それでも身体に入ってしまったものは、外に出すように努力することです。もちろん、そのためにもやはり被曝地域から離れることと、汚染された水や食材を飲食しないことが大切です。

避難ができないときは、やむを得ないこととして建物の中で防護しますが、外気と共に放射性微粒子が室内に入り込まないようにする必要があります。窓など開口部の隙間は、テープなどでガードし、エアコンを使わず、とにかく外気が入る可能性を避けます。

もう一つの被曝のタイプである「汚染」を避けるには、皮膚をしっかりと覆うことと共に、汚染された場合は、洗い流すことが一番です。

これらどのタイプの被曝からの防護を考えても、一番よいのは、放射能が到来する前に「とっとと逃げる」ことであることがよく分かると思います。そのときは、被曝を減らす工夫は必要ありません。

しかし、避難の途中で放射能を含んだ雲に追い付かれてしまう場合もあります。また、さまざまな事情からすぐに逃げ出せない場合もあります。あるいは、救助や警備、事故の収束作業などのために、あえて被曝地に入らなければならないこともあります。

また、日本政府が本来、責任を持って人々に付与すべき被曝地からの避難の権利が無視され続けているため、現に今も、放射能汚染のある地域に大変たくさんの方々が住んでいるのが実情です。その方たちを、守るために残っている方もいます。そのような場合、つまり被爆地帯に居ざるを得ない場合には、どうしたらよいのかを次に考えましょう。

(3) 被曝地の中での対処の仕方

放射線防護の観点からは、あくまでも放射能が存在している地域を脱出することが第一ですから、ここからは次善の策であることを、まずは踏まえてください。また、ここでは通常は「汚染地」と書かれるところに、「被曝地」という言葉を当てています。

放射能が降り注いだ地域では、多かれ少なかれ大気中に放射能が飛び交っていることをまずは見据える必要があります。水溶性のものになっていたり、非水溶性のものになっていたり、あるいは他のさまざまな物資と化合していたりして、多様なあり方で存在しています。一部はコンクリートなどに付着して動かなくなっていますが、他方で浮遊しているものもあります。これら総体の放射能からの被曝をいかに減らすのかが課題です。

まず外部被曝、内部被曝双方を減らすために、放射能が溜まりやすいところを知っておくとよいです。放射能はゴミや塵に付着して存在するものが多いので、それらが集まりやすいところに集中する傾向を持っています。町の中では、どぶや排水溝などが顕著です。そこに、いわゆるマイクロホットスポットができていることが多いです。

これは、被曝地域でガイガーカウンターを持って計測を行った経験のある方なら、よく知っていることです。例えば、家の周りで放射線値の高いところを見つけようとするならば、雨樋（あまどい）を調べてみると見つかりやすいです。これは、雨水が放射能を運んでくるからで、流れる経路の中で、雨水が滞留しやすいところに放射能も溜まっています。

また、植物にも付着しやすいです。特に、コケ類などに集まりやすい。このため、どぶや水の淀んでいるところ、コケの生えているところや植物が茂っているところには、放射能が多く存在している場合が多いです。除染作業でも、どぶをさらったり、植物を刈り取ったりするのは、そのためです。

このため、放射線源から距離を取るには、こうしたものに近づかないことが大事です。概して小さな子が好んで遊んだり、犬が近寄ったりしやすいところに放射線源が多いので注意してください。

ちなみに、これらの場所は、放射線値が高いところではガイガーカウンターを使えば比較的容易に発見することができますが、注意していただきたいのは、普通に暮らしている町中で、ガイガーカウンターで放射能に被曝されているホットスポットを探すなどということは尋常なものではない、ということです。それ自体が究めて危険な状態です。

同時にガイガーカウンターを持つと、人は少しでも放射線値の高いところを発見しようと、危険物質に寄っていってしまう傾向もあるので注意してください。測定は危険行為であることを踏まえ、最低でもマスクなどで防護をしっかりして行ってください。

一方で、大気中を飛び交っている放射能には、どう対処したらよいのでしょうか。対策として最も適しているのは、インフルエンザや花粉症のときに身を守る方法を援用することです。

マスクをする、帽子をかぶる、ゴーグルをする、うがいをする、手洗いをするなどです。風が強く、塵が舞っているときは、特に気を付けて対処してください。

また、どうしても放射能は衣服に付くので、外出から帰ったときに玄関の外で服をはたくこと、また室外で使用する服と室内で使用する服を分けて、コートなどを室内に持ち込まないことなども重要です。髪の毛も、外気から守った方がよいので、専用のフード付きのジャケットなどを上から重ね着し、家に入る前にきれいに塵を払い、かつジャケットは玄関に置くなど工夫をするとよいです。ともあれ、インフルエンザ、花粉症対策を、そのまま流用してください。

常に地面と接している靴も、たくさんの放射能を運びます。このため、十分に泥を落としてから玄関の中に入ることも大切です。被曝量の高い地域では、定期的に靴を変えた方がよいです。

マスクは、どういうものを使った方がよいでしょうか。筑波の研究所で捕まえられたセシウムボールが2・6㎛（マイクロメートル）だったことを考えると、PM2・5*対応のマスクがよいのはもちろんです。N95規格のマスク**などもとてもよいです。ただし、これらのマスクは高価です。このため、こうしたマスクを使う人は、往々にして繰り返しこのマスクを使用してしまうことが多いようです。

しかし、マスクは表面が汚染されるものですから、基本的には使い捨てていくものです。この点では、安価なマスクの方が頻繁に変えられます。この二つを考えて、自分にとって実行可能な線、持続可能なあり方を見つけてください。値段の高いマスクの上に安いマスクを重ね、安いマスクを何度か交換したのちに、高いマスクを変えるなどの手もあります。

なお、軽視されがちながら、効果が高いのは手洗いです。なぜかと言えば、インフルエンザウイルスや花粉、放射能、その他の汚染物質のすべてに対して、私たちの身体の中で最も媒介しやすいのは手だからです。手から口の中に、汚染物質が移ってしまうこともしばしばです。

PM2・5
粒径2・5㎛以下の微小粒子状物質（髪の毛の太さの30分の1程度、花粉よりも小さい）。単一の化学物質ではなく、人為的なもの（自動車などの排気ガスや産業活動で排出される煤煙など）と、自然活動（火山、黄砂、植物など）を起源とするさまざまな物質の混合物とされる。呼吸器系・循環器系疾患にも関連あり。気象庁によりPM2・5分布予測が、毎日、更新されている。http://www.tenki.jp/particulate_matter/

N95規格のマスク
米国労働安全衛生研究所が定めた規格品。ウイルスやPM2・5を95％以上捕集できるとされている。使用にあたっては、正しい装着を実施する必要がある。なお、日本の厚生労働省が定めた規格品にはDS2がある。

このため、医師やパラメディカルスタッフは一日中、頻繁に手を洗います。そのことで、さまざまな病を持つ患者さんを次々と診ながら、感染される可能性を大きく下げているのです。それだけ、手洗いは効果があります。

(4) 放射能の入っているものを避ける、測って安全性を確保する

放射能の体内への侵入経路は、呼吸と共に飲食ですから、放射能の入っている食材を避け、安全なものを食べるようにすることも大事です。

この際、繰り返し述べてきたように、現代の食品の規制値が、内部被曝の危険性を非常に過小評価して設定されていることを踏まえ、少しでも放射能の入っていないものを選ぶようにする必要があります。

どのような食材がより汚染されやすいのか、ネットにさまざまな情報が乗っていますが、ここで強調したいのは「市民放射能測定所」を利用することです。

福島原発事故後、福島県や東北・関東の各県に相次いで市民放射能測定所が開設されました。全国で１００ヵ所を越えていました。放射能の害から人々を、子どもたちを守りたいという思いの表れでしたが、これによって劇的なことが起こりました。

家庭に入りやすい食材のうち、市民測定所で測られて、放射能がたくさん含まれていることが明らかになったものの放射線値がどんどん下がっていく傾向が見られたのです。業者さんの側が対応したのでしょう。このため、市場を媒介して家庭に入る食材からは、放射線がそれほど高い値で検出されることが少なくなってきました。

これは、市民測定所が各地で立ち上がった最大の功績だった、と思います。市民測定所は、放射能の危険性を気にしている人々だけでなく、市場で出回る食材の危険性が暫時的に低くなることを通じて、放射能を気にせずに暮らしている人々をも守るという貢献を果たしました。データで効果を示すことはできませんが、非常に大きな功績であった、と思います。

しかし、世の中の人々が食しているのは、家庭に入ってくる食材だけではありません。たくさんの外食産業があり、そこに供給されている加工食品などがあります。市民測定所は、これらで扱われる食材を測ることが難しいので、より放射能の多い生産物がここに流れてしまっている可能性が高いです。

外食産業の中でも、もともと驚くべき安値で食べ物を提供してきており、添加物の多さなどでも危険性が指摘されていたチェーン店などに、より放射能の多い食材がまわっている可能性が高くあります。ここに放射能の多い食材が流れていた場合、もともと含まれていた化学物質との複合汚染になってしまい、危険度が増します。

これらから考えたときに、外食は食材の安全性に気を使っている店で取ることが、これからの時代にとても重要だ、と言えます。

同時に、家庭に入る食材の放射能をめぐる安全性が高まっているとしても、油断は禁物です。あくまでも、これは測定がなされてきた結果である、と受け取ることが大事です。反対に言えば、測定がおろそかになれば、再び家庭に入る食材にも放射能がたくさん入り込んでくる可能性がある、ということです。実際にチェルノブイリ原発事故後のドイツでも、市民測定所が少ない町に、より放射能の入った食材がまわってきた、という経験もあったそうです。

このことから、内部被曝を防ぐ大事なファクターとして、測って安全を確保する点を重視して欲しい、と思います。そのために、ぜひとも一度は市民測定所に何かの食材を持って通ってみてください。測定にも一度は立ち会ってください。

そうすると、測定の現実から、放射能とはどういうものかを知ることにもなります。特に、測定で大事なことは、測定値は検体の量や質（水分の含有率）、測定時間によって大きな変動を受ける、という事実です。検出限界値の設定も、とても大事です。

端的に、これらを操作することにより、危険だと思われるものも安全なものに見せかけてしまうこともできるのです。その場合も測定条件を明示すれば、決して違法な測定を行ったことにはなりません。測定は、常に設定された条件の下での数値なのです。

一度でも測定のリアリティに触れてみると、この辺のことが見えてきます。そうすると、安全だという結論を導き出したいがための恣意的な測定がなされたときに、それを見破ることもできるようになります。これは、大量の放射能による被曝が起こってしまい、これからも長期にそれとの対応が続く現代社会では必須の知識である、と言えます。

放射能が入っている食材を避ける力を身に付けるためにも、測って安全性を確保する場への関わりを持たれることを、ここで強くお勧めしておきます。

5-3 被曝したらどうするのか

(1) 腹を決める

続いて、不幸にして被曝をしてしまったら、どうすればいいのかを論じたいと思います。現に、福島原発事故で、この国には大変な量の被曝をされた方がいます。いや、現に今も被曝事故が継続中です。にもかかわらず、この国は人々をまったく守ろうとしていません。あれだけの事故を起こした東京電力だけが、守られてしまっています。

このような現状の中で、私たちはいかに放射線被曝と向かい合っていく必要があるのでしょうか。これまで被曝を避ける方法を検討してきましたが、身体の中に入ってしまった放射能は、新陳代謝を向上させれば出ていくものもありますが、そうでないものもあります。セシウムについて考察したように、水溶性か、非水溶性かでも体内の挙動が違ってきます。そのことを踏まえて、身体の中にいわば食い込んでしまった放射能の影響といかに立ち向かうのかの知恵が、私たちには問われています。

どうしたらよいのでしょうか。残念ながら現代科学や医療では明快な答えがありません。被曝医療は、悲しいほどにしか進んでおらず、身体に出てくる具体的な症状に対応していく以外に「打つ手なし」なのが現状です。

さらに、私たちが踏まえておかなければならないのは、およそ被曝という点で言うならば、１９５０年代から60年代にかけて世界中を舞台に激しく行われた核実験の残留放射能によって、私たちの多くがすでに深刻な被曝を受けている事実です。これもまた、内部被曝の脅威を徹底的に低く見積もる中で強行されてきました。

例えば、放射性物質の一つにプルトニウムという恐ろしい物質があります。ウランから生成され、原爆の主な材料となる核分裂性物質ですが、福島原発事故以降、明らかになったのは、実は日本中のどこでも非常に精度の高い器械で測れば、プルトニウムが発見されることです。もちろん、セシウムやストロンチウムも幾らでも発見されます。

例えば、この国は今、二人に一人ががんになる時代を迎えています。寿命が延びたからだと言われていますが、本当でしょうか。核実験による被曝の晩発性障害が、出てきているのではないでしょうか。今後、これらについても解明を行っていかなければなりませんが、少なくとも私たちは、核実験を通じても、その後のスリーマイル島、チェルノブイリ、福島と続いた深刻な原発事故でも、いや、それればかりではなく原発の通常運転の際に排出される「許容量」と称される放射能の影響によっても、繰り返しこの身を放射能に晒されてきているのです。

このことを踏まえた上で、ご紹介したいのは、広島で自らも被曝しながら、何千人もの被爆者を診てこられた被爆医師、肥田舜太郎さんが、私のインタビューに答えて述べられた点です。

お母さん方が集まる場で必ず出てくる質問は、もう放射能が入ってしまったようで、症状と思われるものがあるがどうしたらいいかということですが、世界中のどんな偉大な先生でもこうしなさいとは言えません。治すためにどうすればいいかは分からないのです。でも私にはアメリカで教わったスターングラス博士が、自分が被曝したと思われる犠牲者にこう伝えなさいと教えてくれたことがあります。どういうことかというと、そういう被害を受けてしまったのなら、腹を決めなさいということなのです。開き直る。下手をすると恐ろしい結果が何十年かして出るかもしれない、それを自分に言い聞かせて覚悟するということです。

その上で、個人の持っている免疫力を高め、放射線の害に立ち向かうのです。免疫力を傷つけたり衰えさせたりする間違った生活は決してしない。多少でも免疫力を上げることに効果があることは、自分に合うことを選んで一生続ける。あれこれつつくのは愚の骨頂。一つでもいい。決めたものを全力で行う。要するに放射線被曝後の病気の発病を防ぐのです。

（『世界』２０１１年９月号１４７頁）

実際、肥田先生は多くの被爆者に、腹を決め、開き直り、覚悟を固めて放射線被曝と立ち向かうことを呼びかけられました。呼びかけて、「長生き運動」を提唱されました。「原爆を落とした相手が驚くぐらい長生きしてやろう。そのために被爆者はがんで死ぬ

写真６　講演中の肥田舜太郎さん（守田撮影）

な。がんで死ぬのは原爆に負けることだ」とまで言われました。

⑵　食べ過ぎない

長生き運動の中には、ユーモラスなものもありました。それぞれが自分の町に戻り、長老を探して、なぜその年まで生きて来られたのかを聞く。そして、聞いたことを片っ端から真似するのです。そうすると、あらゆるお年寄りが共通に挙げた答えがあったそうです。長寿の秘訣ですが、それは「食べ過ぎない」ことだったそうです。

これと関連することとして、肥田先生は、ご飯の食べ方の重要性も指摘されました。一番大事なのは、ゆっくり噛むことだ、と言うのです。噛むことでたっぷりと唾液を出して、それを一緒に胃の中に送り込む。それが身体によいのですが、よく噛むと必然的に食べ過ぎなくもなります。

非常にシンプルな答えですが、含蓄があります。というのは、現代社会のフードビジネスでは「食べ過ぎさせる」戦略がとられているため、世界的に猛烈な勢いで肥満が進行しているからです。その際、最も活用されているのは精製された糖分を多くし、安く質の悪い油を多用することです。糖分と油分を多く入れると、食欲が増進するからです。

放射性物質の危険性が過小評価され、人々の健康がないがしろにされている現代世界は、フードビジネスの場面でも、販売促進のために危険で身体によくないものがたくさん使われています。添加物などに使われる化学物質の影響も深刻ですが、総じて食べ物を甘く、油っぽくし、なおかつ添加剤で柔らかくして、噛まずに飲み込めてしまうように作られたものが、多く出回っています。

それだけに、食べ物の食べ方を見直し、よく噛んで食べ過ぎないようにすることで、私たちの命は大きく守られます。そのことが、放射能被曝に対して生き抜いていくためにも非常に重要なポイントとなります。

さらに肥田先生は、危険なものを避けようとばかりしていると、食べ方の重要性がおろそかになる。そうではなくて、よく噛むことを含め、食べ方に気を使うことが必要だ。特に、「ご飯を食べるときは、できるだけ家族や親しい仲間と集まって、愉快な話題で食べることが大切です。そのときに、くれぐれも夫婦喧嘩はしないでください」などとも語られました。

これは、私たちが割と単純な生き物であり、ご飯を食べるときは楽しい話題で賑やかに食べた方が消化吸収率が高いこと、などから導き出されたことでもあります。

(3) 元を断つ

もう一つ。被曝したらどうするのかを考えるときには、もうこれ以上の被曝を避けることが大事で、そのためには「元を断つ」ことが最も大事だ、と肥田先生は述べられました。

「元を断つ」とは、放射能が漏れ出てくる元を断つという意味で、すべての原子力施設をストップさせていくことを意味しています。

原発が一度事故を起こしたら、どれほど大変な目に私たちが遭うのか、私たちはそれを福島原発事故で思い知りました。いや、正確には今も思い知らされ続けています。ただ、肥田先生が述べているのはそれだけではなく、原発は普通に稼働しているだけでも危険だ、ということです。これは肥田先生が翻訳した、アメリカのＪ・Ｍ・グールド他著『内部の敵』（共訳・自費出版、１９９９年）などの書物で明らかにされてきたことです。グールドは統計学者ですが、原発から半径１００マイル（１６０キロメートル）圏内で、がんをはじめとしたさまざまな疾病が起こっていることを、自らの統計学的知識を総動員して明らかにしました。

同様の調査は、ドイツ・連邦放射線防護庁によっても行われ、２００７年に「通常運転されている原子力発電所周辺５㎞圏内で小児白血病が高率で発症している」という報告がもたらされています（ＫｉＫＫ研究）。

要するに、原子力発電所は事故を起こさなくとも、周辺に放射能を撒き散らしているのです。にもかかわらず、「環境に影響を与えないレベル」とされてきたのです。しかし、それは内部被曝の影響を非常に過小評価した中でのことでしたから、実際には周辺に健康被害が引き起こされてきたのです。

いや、周辺住民だけの問題ではなく、そもそも原発は深刻な被曝労働抜きで成立できないプラントです。このため、各国とも、たくさんの被曝労働者を抱えながらの運転がなされてきています。

これらから、もうこれ以上の被曝を避けるためには、「元を断つ」ことが大事であることを、肝に銘じる必要があります。

(4) 福島・東北・関東の痛みをシェアして前へ

肥田舜太郎先生の金言を紹介した上で、最後に述べたいのは、この被曝時代を越えていくためにも、最も福島原発事故で苦労を強いられている福島の人々、東北・関東の人々の痛みを分け合い、前に進むことが大事であることを記しておきたいと思います。

これまで放射線防護にとっても最も大事なことは、被曝をできるだけ少なくすることであることを述べてきました。しかし、広島・長崎原爆の投下から今日まで、「隠された核戦争」そのものとして内部被曝の影響が著しく軽く扱われ、このもとでその後のどの核施設の事故のときも被爆影響が過小評価されたり、隠されたりして、人々の避難にブレーキがかけられてきました。

このことが、そこに住む人々の中に酷い分断を持ち込んで来ました。当然のことですが、人は自分の住む地域を安全だと思いたいものです。そこに政府や「原子力村」によって、内部被曝を過小評価した「安全論」が振りまかれ続けています。そこには「放射能の被害はそれほど深刻ではない。かえって騒ぐ方がよくない。悩むことで精神が害される」という言説が付けられ、避難を叫ぶ人、実行する人が、かえって悪いかのような言い方までがされています。被害者を加害者にすり替える最も悪質な言説ですが、これにその場に残ることを選んだ人が、しばしば巻き込まれてしまっています。

しかし、繰り返し述べてきたように、内部被曝の影響が過小評価され、なおかつとてもではないけれども、きちんと把握できない実情の中にあっては、安全マージン*をより多くとって、放射能被曝の多い地域から避難した方がよいことは言うまでもありません。

ただ、ここでも問題は「被曝の多い地域」とはどこなのかという問題です。この点でも、人は自分が住んでいるところこそボーダーラインなのでは、と思い込みたい面があります。

ここで私たちが踏まえておきたいのは、避難をするにしても政府が放射線被曝の影響を著しく低く見積もり、避難どころか福島の明らかに線量の高い地域、年間の空間線量が20ミリシーベルトを越えるような地域にまで人を呼び戻そうとしている現状では、財政的補償があまりに乏しく、大変な困難が待ち受けてもいる、ということです。

また、そもそも労働基準法や憲法の人権条項を無視した派遣労働が増えて、正規雇用が激減している現状では、避難をした場合、仕事を失うことに直結することが多く、避難そのものを財政的に支えられなくなってしまうケースが多くあります。そのため母子が避難し、男性が残って財政を支える場合が多いですが、家族が引き裂かれてしまうことで、本当にたくさんの困難が新たに生まれてしまっています。

安全マージン
一般に、工学系で用いられる安全マージン(margin)は、安全率の同義語とされているが、英語ではsafety factorまたはfactor of safetyと言い、「安全性を確保するために持たされている余裕・ゆとり」のことを指す。

さらに、そもそも避難は、それまで作ってきた地域との関係性を失うことです。人間関係もそうでしょうが、自然との関係で多くを失う方もいるでしょう。自分が人生の中で費やしてきた多くのものを失ってしまう方もおられると思います。

それら総体の問題として避難はなかなか難しいのです。それを承知の上で、本書では放射線値の高いところからの避難を呼びかけ続けています。内部被曝の危険性を厳しくとらえるからです。そのため、福島原発事故で追加的な被曝が加わった地域からはできる限り移転した方がよい、と思います。放射線値が高いところとは、福島原発事故以前の状態に比べて放射線値が高くなっているところである、と言わざるを得ません。

こう述べるのは国際放射線防護委員会（ＩＣＲＰ）ですら、放射線防護に当たって導出されている規制値は、あくまでもすべての人を平均した値であって、諸個人のことを指していない、と明言しているからです。人には感受性の強弱があります。同じ量の被曝をしたからと言って、同じ症状が現れるわけではありません。より高い量の放射線を浴びても障害が出ない人もいれば、より少ない量の放射線を浴びても被害が生じる人もいます。

やっかいなのは、自分や自分の家族、周りの人々がどちらの存在であるか調べる手段がないことです。そのため安全マージンをより多く取るのであれば、誰もが自分を放射線により弱い存在であると考えた方が、より大きな安全性を確保できます。だから、避難は有効なのです。

しかし、それで失うものもたくさんある。本当にたくさんあるのです。どちらをどのように天秤にかけるのか、それは本来、東電と国が責任を持って対処しなければならないことであるにもかかわらず、当人たちに選択と決断が押し付けられています。被害者に、対処の責任が一方的に押し付けられているのです。およそ関東・東北の方のすべてに、こうした理不尽な問題が降り注いでいます。

一方で、福島原発事故の前よりも放射線値が高いところからは避難した方がよいと言っても、実際には過半の方がそれを実行できないのが現実です。だから、そこにはたくさんの方が残っているし、住んでおられます。だとするならば、その場で少しでも被曝を避け、健康を維持していく道を探ろう、そうして地域の人々を守ろう、という考えで行動する人々が出てくるのは当然であり、それ自身は大変立派なことです。

しかし、それらすべての思いが交錯する中で、家族の間で、友人の間で、地域の間で、意見が合わず、対立が生じてしまうこともしばしばです。そもそも、そこから避難することと、そこに家族で残り、被曝を避けようとすることと、どちらがより幸せだと言えるのか、確実で科学的な保証は得られないからです。

そのため、不確定な面の多い放射線被曝の害と、原子力推進派による内部被曝の過小評価が、人々を悩ませ続け、分断し、対立させ、疲弊させていることを、私たちはしっかりと押さえておく必要があります。

これに対して、幸いにして福島原発事故での被曝を免れたすべての地域の方々に、このような福島・東北、関東の方々の置かれた実に困難な状況に思いを馳せ、少しでもわがこととし、苦難をシェアする関わりを持たれることを訴えます。

現政権は、この被曝の現実に何らまともな対応をしていません。現に苦しむたくさんの住民を無視して、ありもしない仮想的な危機を騒ぎ立てて憲法9条を解体し、自衛隊の海外派兵をフリーハンドで行えることを目指したり、まったく収束もしていない福島原発事故の現状にふたをし、世界を騙してオリンピックの強引な誘致を行ってしまいましたが、そんなことにかける予算があるのなら、すべて被災地へのさまざまな手当てに振り向けるべきなのです。そういう声を全国からもっと強く挙げていくことが必要です。

この点では原発事故だけでなく、大津波の被害に遭われた多くの被災者もまた見捨てられていることを告発しておきたいです。本書では、この問題にほとんど触れることができませんでしたが、三陸海岸を始め、多くの地域が、復興とは程遠い状態に置かれたままです。にもかかわらず、オリンピックを誘致したため、ゼネコンの多くが引き上げてしまいました。

いまだに多くの方が仮設住宅に住んでいたり、避難生活を余儀なくされているのに、わざわざ理想的な芝を持つと言われ、さまざまなアスリートから「聖地」と呼ばれてきた国立競技場を壊してしまって巨大なメーンスタジアム建設に向かい、しかしあまりに計画と責任体制が杜撰であるがゆえに、予算が莫大になってとん挫し、迷走しているのがこの国のあり方ですが、その総体が東日本大震災の被災者のすべてを忘れ去った、酷く冷たい仕打ち、国のなすべきことを放棄したあり方であることに、私たちは公的な怒りを持つべきです。

私たちは、この国をこんな冷酷なままにしておいてはいけません。そこに住まう本当にたくさんの人々が苦しんでいるのです。義を見てせざるは勇無きなり！
福島、東北・関東の痛みをシェアして前に進むことを呼びかけ合って、前に進みましょう。

⑸　福島、東北・関東の人々こそが、この国を救っている

さらに一歩前に認識を進めましょう。この原稿を書いている時点でこの国の原発は川内原発１号機以外はすべて止まっています。本書が上梓されるころには、残念ながら川内原発２号機の愚かな再稼働も強行されているかもしれませんが、しかし総体として見るならば、日本の原発がほとんど動いておらず、その分、危険性が抑えられている現状がまだ続いていることと思われます。

２０１５年９月15日現在で、日本の原発は平均で４年４ヵ月も停まっています。なぜでしょうか。他ならぬ福島の人々や被災地の人々が、さまざまな形で原発事故の悲惨さを訴え抜いてきてくれたからです。

中でも、最も大きなインパクトを与えてくれたのが、まさに率先避難者として、決死の避難を敢行した人々でした。福島からだけでなく、さまざな地域の人々が日本中に散っていきました。散っていって、その地域の人々と結び付き、地域での脱原発運動に大きな影響を与え、脱原発の声が日本中に響き渡ることに本当に大きな貢献をしてくれました。

避難は、直接的には本人や家族を守ることですが、同時に私たちの未来を守ることで

す。私たちの未来とは、総体としての私たちの明日の健康によって根底が支えられるものだからです。特に子どもたちの明日のあり方そのものが、私たちの未来の明暗を分けます。だから、困難な中で避難をされた方と出会った場合、ぜひ感謝の意を捧げて欲しいと思います。未来を守ってくださったからです。

同時に、避難移住という形は取れなくても、あるいは意志的判断として取らなくても、被曝地で必死になって命＝私たちの未来を守っている方たちが本当にたくさんいます。そのすべてに、被曝地に居ない人々から感謝の意を捧げていただきたい、と思います。

戦後の歴史の中でも、政府の政策や産業の要請によるのではなく、むしろ政府の方向性に逆らって、大変な数の人々が放射線被曝を避けるためにさまざまに行動し、移動を繰り返していることはまったくなかったことです。それが、何よりも脱原発運動に大きな熱を与え、結果としてこの国に住まう人々の安全性を強く守ってきているのです。

私たちが認識すべきことは、その点で福島の人々がもっとも他の地域の人々を救ってきている、ということです。さらに東北・関東の多くの人々が、被曝を免れた他の地域の人々の安全と未来を守り抜いてきているのです。その意味で、先にこの国に住むすべての人々を守ってきたのは、福島の人々であり、東北・関東の人々です。

このことに踏まえて、もはやどちらがどちらを救うという領域を越えて、私たちは新たな民衆の未来に向けた連帯を作り上げていこうではありませんか。

被爆70年を迎えた今こそ、戦争と原爆と原発と放射線被曝の太いつながりをはっきりと見抜き、本当の安全に向かって共に歩んでいきたいものです。

第6章

行政はいかに備えたらよいのか（兵庫県篠山市の例から）

6-1 原子力災害対策において地方自治体の置かれた立場

「原発からの命の守り方」と題した本書において、これまで核施設で事故が起こった場合、一市民である私たちはいかに行動すればよいのか。また、そのために日頃からどのような備えをしておくことが必要なのかを書いてきました。

最終章である本章では、個人での対応を離れ、行政、特に市民生活にとって一番身近な市役所や町村役場レベルでは、どのような対応が可能なのか、またこれに市民はいかに関わればよいのかを論じていきたいと思います。

(1) 地方自治体の災害対策担当者が立っているリアリティ

これまで述べてきたように、原子力災害に対して、原発から半径30キロメートル以内にかかる地方自治体には、避難計画の策定が政府によって求められています。そのひな形として「原子力災害対策指針」が打ち出されており、事実上、これに沿う形で災害対策を打ち立てることが促されています。

	対象市町村	地域防災計画策定数	避難計画策定数	備考
泊地域	13	13	13	
東通地域	5	5	5	
女川地域	7	7	0	平成26年12月1日、宮城県が「避難計画[原子力災害]作成ガイドライン」を策定。
柏崎刈羽地域	9	9	2	平成26年10月30日、刈羽村が「子力災害避難するための[行動と避難計画」を策定。
東海地域	14	13	0	
浜岡地域	11	11	0	
志賀地域	9	9	9	平成26年10月26日、「氷見市住民避難計画」を策定。
福井エリア	23	23	23	
島根地域	6	6	6	
伊方地域	8	8	8	
玄海地域	8	8	8	
川内地域	9	9	9	
12地域計	122	121	83	
福島地域	13	6	3	平成26年4月、福島県が「暫定重点区域における福島原子力災害広域避難計画」を策定。

表2　内閣府（原子力防災）第6回原子力委員会（平成27年2月）資料より

しかし、第1章1―4「実際に避難はできるのか」で見てきたように、「原子力災害対策指針」はまったく現実性を欠いたものでしかありません。そのため、各地の行政の担当者の中には憤りを感じ、なかなか計画作成ができない方も多かったのではないか、と思われます。あるいは、「絵に描いた餅」であることを承知で、引き写したに過ぎない「計画」を作らざるを得なかった自治体もあったのではないでしょうか。一部では、コンサルタント会社に丸投げをした自治体もあったとも聞いていますが、これらの一義的責任は、非現実的な「指針」を出した原子力規制委員会にこそあります。

それでは、実際に避難計画はどれくらい作られたのでしょうか。内閣府が、２０１５年２月７日に発表した「原子力防災対策の現状と課題」によると、対象市町村の数は１３５ですが、避難計画策定数は86にしかなっていません。63・7％しか進んでいないことが分かります（前ページ表２）。

このうち、２０１５年８月11日に再稼働が強行された川内原発周辺を見てみると、対象の９市町村のすべてで避難計画が作られています。しかし、実際の市町村の生活に計画を落とし込めていないことは、次のことからも分かります。

全国保険医団体連合会の２０１５年６月11日の発表によると、川内原発から30キロメートル圏を含む市町内の医療施設や介護施設１７７に対してアンケートを実施（回答率28・1％）したところ、避難計画を作成済みの施設は８施設、今後作成予定は24施設、未作成が１６５という結果でした。回答のあった施設の中で避難計画を作成できたのは、わずか４・５％に過ぎません。作成しなかった理由については、複数回答で「作成方法が分からない」が最多で１０９施設に上ったそうです。また、避難計画作成に関して「自治体からの説明があった」とするのはわずか12施設で、「説明がなかった」は１８６施設だった、と言います。

これまでも見てきたように、医療施設や介護施設の避難は困難を極めます。原発災害対策で最も難しい領域ですが、川内原発の周辺でここに手が届いている自治体はほとんどないことが分かります。

これは、すでに述べてきたように、原子力災害対策においては、あらゆる事態を想定した理想的な計画は立てようがないこと、場合によっては、甚大な被害も避けられないことをはっきりと明記した上で、それでも少しでも被害を減らすための工夫を講じる形でしか計画は立てようがないことを鮮明にしない限り、リアリティを持ったものにはならないにもかかわらず、この重大ポイントを意図的に誤魔化した形でしか「原子力災害対策指針」が書かれていないことに原因があります。これでは、リアリティに迫ることが難しいのです。はっきり言って、このような指針がない方がよっぽどましなのですが、実際にはこれがあるがために、かえって30キロメートル圏内の市町村は、この非現実的な指針に縛られる関係性に入ってしまっています。

災害対策の視点を純粋に貫くならば、この指針を返上し、独自の災害対策を作る以外に道はありません。本来、住民の命を守る立場に徹するならば、この観点を貫くしかないと思います。しかし、現在の国と地方自治体のあまりにも偏った力関係を考えたときに、なかなかに難しい選択であると言わざるを得ないでしょう。

特に、仮に現場の担当者の方がリアリティに立って住民を守ろうとする気概を持っていたとしても、首長が国との対決も辞さない態度を持っていない限り、市町村レベルの現場だけで住民の側に立った計画を作ることは至難の業だとも言えます。このことが、現在の原発周辺の地方自治体が置かれたリアリティであると思います。

⑵　水害・土砂災害対策に追われる地方行政

さらに押さえておかなければならないのは、日本中の市町村の災害対策課が、この間の気候変動のもとで打ち続く「記録的豪雨」や「想定外」の事態に晒されて、その対応だけでも手一杯になっている現実です。

この点も、第2章2—3「災害対策の見直しが問われている」で見てきましたが、私たちは、各地の行政が原子力災害対策だけでなく、水害や土砂災害対策でも大変苦しい状態に置かれていることを知る必要があります。

例えば、国が管理する大きな川では、100年に1回の洪水に耐えられるように堤防整備をすることが定められているのですが、今の投資水準で行っていくと、完遂するまで何と1000年かかってしまう、と言われています。これは河川改修にお金がかかることと、災害対策にこの国があまりにお金をかけずに来てしまっていることの双方を象徴している事態です。端的に言って、対策がまったく間に合っていません。

しかも、例えこれが完遂しても、100年に1回の洪水に耐えられるようにするということは、それを上回る洪水が来たときには打つ手なしということをも意味しています。

ところが、この間生じている事態は「観測史上最大」の1日の雨量だとか、年間降水量に近い雨量が数日で降ってしまうとか、それこそこの100年間にすら観測されなかったような事態のオンパレードです。このため、これまでの想定が次々と破られてしまっています。

こうした中で、高度経済成長期以来の、利潤追求型に特化した都市計画の矛盾も各地で出始めていることも見てきました。自然災害の猛威が、人災の面からも倍加され、人々を襲ってきているのです。

このため、各地の市町村行政が、この自然の猛威に晒されて本当に困難な対応を強いられています。しかも、原子力災害対策だけでなく、この面でも国が十分な対応を行っているとはとても言えないので、災害の起こる現場である市町村にさまざまな矛盾が押し寄せています。特に猛威が襲った地域では、事後的に現場自治体の対応の遅れが指摘され、過酷な批判に晒されている場合が多くあります。

こうした事態を鑑みるならば、各々の行政が原子力災害対策になかなか十分な力を割くことのできない現実も見えてきます。毎年、確実に襲ってくる台風や大雨を前にして、先にやらなければならないと思われることが山積しているからです。しかも、それでさえも、やってもやっても終わらないのが現実です。

私たちが見ておかなければならないのは、これらのことは、気候変動に対しての国の対応の大きな遅れの中で起こってきていることだ、という点です。歴代政権の経済優先・産業優先の都市形成や、ダム作成や堤防のかさ上げに偏った河川管理、抜本的な矛盾を棚上げしたままの水害・土砂災害対策の矛盾が、今、気候変動の中でクローズアップされてきているのです。そのため、スイスの保険会社に、世界の都市の中で水害に最も弱い都市のトップが東京・横浜圏であると指摘され、大阪・神戸が４位、名古屋が６位という不名誉な指摘がなされる根拠にもなっています。

にもかかわらず、この命に関する重大な事柄が政治の焦点にならず、抜本的な対策が進まないために、地方自治体は台風や豪雨のたびに翻弄されています。

各地の原発から30キロメートル圏内の自治体に降って湧いたように求められた避難計画の作成は、およそこのような状態の中で求められたものです。それも、リアリティのない「原子力災害対策指針」というひな形を伴ってです。

「どうしてこのようなことを押し付けられるのか。原子力政策は国が管轄するものなのに、なぜ国の責任で安全を確保し避難計画を作ろうとしないのか。このような押し付けは、はっきり言って迷惑だ」というのが、多くの自治体の担当者が感じた本音ではないでしょうか。

さらに、計画を作れと言われてみて、少し検討してみると分かることは、実際に起こる可能性のある原発事故と自然災害の複合事態を考えたら、とてもではないけれど、すべての想定に対応する計画など作りようのないことでした。あるいは、それに対応しようとすると、膨大な予算が必要となってしまうことでした。

目の前で起こっている水害・土砂災害にすら十分な対応がなされていないのに、毎年来る台風と違って、いつ起こるとも起こらないとも分からない原子力災害に備えなければならない。とてもではないが、そのようなことはやっていられない。おそらくは、大半の担当者がそう考えたのではないか、と思います。だからこそ、福島原発事故から4年半も経っているのに、そしてまた多くの人々が原子力災害の恐ろしさを実感したのに、避難計画が2015年2月時点で63・7%しか作られていない現実があるのではないでしょうか。

さらに、実際にいくつかの市町村が作成した避難計画を読んでみると、残念ながら「原子力災害対策指針」をただ引き写しただけに終わっているものが多数あることが分かります。完成した63・7%の中に、リアリティを持って作られている計画などほとんどないのが現状なのです。

では、このようにして作られている計画の良し悪しについては誰が判断しているかというと、何と誰もいないのです。あまりにも酷い事実です。原子力規制委員会はひな形を押し付けただけで、できあがった市町村の避難計画には関与しようとしていないのです。政府も同じです。ここでも、矛盾は市町村に押し付けられているのです。

(3) 行政の立場からできることは何か

これらを考えると、原子力発電に何ら関与しておらず、責任主体でもないのに、避難計画の作成だけを強制された地方自治体が気の毒にも思えてきます。

しかし、ここでぜひ自治体職員の方たちや、原発により近い地域のみなさんに押さえていただきたいのは、これまでも見てきたように現在進められている再稼働の動きは、福島原発事故以前とは違って、明確に「重大事故が起こり得る」ことも前提に組み込んだものだ、ということです。福島原発事故で事実として示されたのは、それまで政府が繰り返してきたように、「日本の原発ではチェルノブイリのような事故はあり得ない」などということは全くなく、場合によってはチェルノブイリ事故をも上回る大惨事が起こり得る、ということです。

新基準規制は、この可能性を完全に無くすことを求めたものではありません。むしろ、「重大事故」の可能性に開き直り、そうなった場合の対処を求めたものなのです。だから、このままに再稼働されてしまう場合に備えて、避難計画は作らざるを得ないのです。

さらに、まさに福島原発4号機が明らかにしたように、原発は稼動してなくても大変な危機に陥る可能性があります。そのため、とりわけ自治体職員は、押し付けられたという意識を乗り越えて、能動的に原子力災害対策に取り組むことが絶対に必要です。そうでないと、住民を守れないし、自分たち自身も守れないことを知って欲しいです。

しかし、そうは言っても、どこから始めたらよいのでしょうか。どこまで拡大するかも分からない原子力災害に対して、有効な対処法などあるのでしょうか。

この際、着目していただきたいのは、「原子力災害は一度発生したらどのような経過を辿るか分からない」ということは、あっという間に放射能が押し寄せてきてしまうかもしれないかわりに、放射能が来るまでにかなりの猶予がある場合もあるということです。そのいずれの場合でも言えるのは、少しでも被曝量を減らした方が有利だということです。だから、「どうなるか分からない」という前提に立った上で、どのような事態の中でも被曝を少しでも減らし得る方策を重ねていくことが唯一の選択肢だ、ということです。それでも、ほとんど効果をもたらさない場合もあるかもしれません。しかし、明確な効果がある場合もあるかもしれません。それが、原子力災害に対して備える、ということです。この厳しい現実を住民にも明らかにすることが大切です。

そうした観点に立った上で、地方自治体の行政の立場から可能なこと、原子力災害対策にリアリティをもたらす一番のポイントは、何よりもこれまで述べてきた原発の抱えている大きな危険性や事故の特徴を、役場の職員はもちろん、住民と十分に共有し、放射能からの身の守り方に関する知識の普及を図っておくことです。これに勝る対策はありません。

一般に、災害対策はハード面の備えには高額な経費がかかるものですが、ソフト面の備えには相対的に安価にできます。しかも、ハード面の備えは、事態が想定を越えると容易に役に立たなくなってしまうことに対して、ソフト面の備えは、人間の知力をベースにしているために、柔軟性、応用性があり、状況の変化への対応が効く利点も併せ持っています。このため費用対効果も抜群です。原子力災害対策では、特にこの面が顕著です。

さらに、ぜひとも取り組んで欲しいのは、原子力災害対策だけでなく、すべての災害対策に共通する災害心理学、災害社会工学の観点を全住民へ浸透を図るべく、この面でのソフト面強化から始めることです。正常性バイアスなど、避難を遅らせる要因を心理的に克服しておくのです。そうすれば、水害、土砂災害、原子力災害、いや火事やおよそ考え得るすべての災害に対して、住民の基礎的対応力を上げることができます。この点は、予算をそれほどかけずにできるところがミソです。

実は水害・土砂災害対策も含めて、この国の災害対策の弱さは、この心理面の強化をないがしろにしていることにあります。それには根拠があります。

一つには、この国の行政が、上から目線で住民を管理対象としてきたため、住民自身の主体性を伸ばす発想に欠けてきたことです。また二つには、心理面の強化を為すためには、あらかじめ現にある危険性をしっかりと認識しておくことが必要なわけですが、そうするとこの国の災害対策や都市計画の矛盾があまねく知られてしまう面があり、その面から積極的に触れられてこなかったからです。

特にこの点が顕著なのが、原子力災害対策です。なぜ政府は、まともな避難計画を福島原発事故まで作ってこなかったのか。いや、今も積極的に作ろうとはせず、専門家もいない地方自治体に丸投げしているのか。

答えは単純です。この面を強化すると、原発の危険性があまねく知られてしまうからです。しかも、原発に賛成か反対かを横に置いておく形で、原発のリアルな危険性を誰もが学んでしまいます。だからこそ、原発事故への対策を怠ってきたのです。そして、まさにそのことが、福島原発事故においても被曝被害を拡大したのだということ、避けられる被曝まで人々が避けずにいてしまい、無為無策の状況を作ってしまったのだということを、私たちはしっかりと認識しておかなければなりません。

あのとき、多くの人々が、本書でこれまで述べてきたことを知っていたならば、もっとたくさんの人々がとっとと逃げだしていたでしょう。いや、そこまでできなくても、せめて断水の中で給水車に並ぶ際に、放射能が降っているかどうかをチェックし、当然にも絶対に子どもは連れて行かず、雨にも当たらないなど、放射線防護の態勢をもっと整えて対処をすることができたでしょう。

あるいは、津波で行方不明の人々を探しに行かなければならなかった自治体職員の方々や消防団の方々も、せめて衣服の上にカッパなどを着込み、ゴーグルやマスクを厳重に着用するとか、作業後はうがい、手洗いを徹底し、着用した衣類を家に持ち込まないことなどで、放射能被曝を軽減するとか、さまざまな防護を重ねることができたでしょう。それらの積み重ねで、子どもたちの甲状腺被曝などを、もっと減らすことができたでしょう。

今こそ、私たちは、臍を噛むような思いで、この経験を生かすべきです。そうしないと、再び原子力災害が起こったときに必ず同じことが生じます。再び人々は、無防備なままに放射能の中に放置されて、避けられるべき被曝が避けられず、さらにその後の被害への対応も全面的に自治体に押し付けられてしまいます。政府の悪政のつけを払わされるのは、末端の自治体であり住民です。もうそんなことを、二度と繰り返してはなりません。

⑷　安定ヨウ素剤の備蓄、事前配布を

さらにお勧めしたいのは、安定ヨウ素剤の行政単位での備蓄と可能な限りの事前配布を行うことです。この薬を服用する意義は、５章５―１「被曝を防ぐために―その1、ヨウ素剤を飲む」で詳述しましたが、行政で対応可能な大きなポイントは、この薬が安いことです。日医工の製品で、1回2錠が必要ですが、価格はほぼ10円です。仮に４万人の町として全員分を購入しても、1回分で40万円しかかかりません。これなら、厳しい財政のもとであえいでいる地方自治体でも購入が可能です。しかも、放射性ヨウ素による甲状腺被曝を避ける上での効果は極めて高いです。

この薬の有効な活用のためには、被曝に対する基礎的知識が必要となりますが、反対に言えば、この薬を行政として備蓄し、いざというときに使用する準備をする過程で、放射能に関する学習を行うことができます。

特に有効なのは、事前配布を行うことです。事前配布は、原発から半径5キロメートル以内で行われているので、それぞれの市町村が行っているやり方を踏襲することができます。その場合、医師の説明が必要とされているので、薬剤の購入にプラスして予算がかかりはしますが、しかしこの過程が、町を挙げての放射能に関する学習の場となります。

ちなみに、これまで原発周辺の各都市では、安定ヨウ素剤の備蓄がされていたところが多くありました。福島原発の周りもそうでしたが、事故後に福島医大から配ってはならない、という厳命がなされたことにより、ほとんど活用できませんでした。このことには、福島医大に重大な責任がありますが、一方で安定ヨウ素剤が備蓄されていても、事前学習が十分に進んでいなければ、有効な活用ができないことを示す事例でもありました。人々が妥当な知識を持っていれば、このような理不尽な厳命など通用しなかったはずだからです。

さらに、原発事故で膨大な放射能が飛び出してくるので、とっとと逃げた方がいいことや、自然災害との併発で大混乱が生まれることなども考えられることから、事故時に配るのではなく、事前に配布していた方が、いざというときに確実に多くの人が飲むことができるし、かつ配るための手間も省くことができます。その分、他の救助活動に人を割いたり、あるいは自治体職員の方々には、早く避難に移ってもらうことも可能とします。このように考えると、事前配布が行われていた方が絶対に有利です。

ただし、それだけではどうしても安定ヨウ素剤を無くす人などが出てくるため、二重、三重の備えとして、拠点を決めた備蓄や役場への備蓄を行っておくとよいです。こうすれば、全住民がどこかで必ず安定ヨウ素剤を手に入れることができるからです。

安定ヨウ素剤の備蓄と事前配布は、原発からの距離にかかわらず、すべての行政単位で行うことが望ましいです。なぜか。日本中に核施設があり、全国のどこで、どのような事故に遭遇するか分からないからです。多くの人が、仕事やプライベートで列島の中を激しく移動しているのですから、誰もが原発の近くを通る可能性があります。だからこそ、誰もが普段から安定ヨウ素剤を身に付けておいた方がよいのです。

さらに、世界にはまだ４００以上の原発が稼働しており、これまたどこで事故を起こすやもしれません。その点からも、海外旅行などの際にも安定ヨウ素剤を持っていた方が安全性が高まります。海外では、言語の壁から事故時に情報弱者になってしまう可能性も高いので、なおさら安全のマージンを高めておくことにつながります。

問題は、原子力規制委員会が安定ヨウ素剤の事前配布範囲を、原発から5キロメートル圏内に限定していることですが、実はこの限定には何ら根拠がありません。5キロメートル圏内だったら事前に持っていてもいいが、それ以外では持っていてはいけないなどという科学的根拠はまったくない、ということです。実際には、事前に多くの人が安定ヨウ素剤を持ってしまうと、その分、原発事故へのリアリティを感じるからこそ、政府は配ってこなかったのです。

これまで繰り返してきたように、原子力規制委員会は、新規制基準に通ったからといって、その原発が安全だとは言わない、と強調しており、なおかつ「重大事故」が起こった場合の対応を電力会社に求めています。「重大事故」は、起こり得ると言明しているのです。だとするならば、5キロメートル圏外の人々が安定ヨウ素剤を持つのは、当然の自己防衛策です。その際、規制委員会が認めた配布方法に準拠する方法をとれば、どの自治体がこれを行っても問題はないはずです。だとすれば、費用対効果から言っても、ぜひとも原発30キロメートル圏内のみならず、すべての自治体で安定ヨウ素剤を備蓄し、配布に踏み切った方がよいと思います。ぜひ積極的に進めてください。住民の方も、ぜひ安定ヨウ素剤の備蓄から事前配布を、それぞれの行政に求めてください。

(5) 原子力災害対策に市民は、どう向き合うことが必要か

行政の側から、どのようなことが可能か、すぐにも取り組めることを幾つか提言してきましたが、いかに市民の側がコミットするのかについても、一言述べておきたいと思います。

これまで述べてきたように、まずもってすべてのみなさんに行って欲しいのは、事故が起きた際に、自分はどうするのかのパーソナルシミュレーションを打ち立てて、備えを逞しくすることです。

その上で、可能なら自分の周りにそれを広めてください。友人や職場など、さまざまなつながりの場で広めていくとよいです。場合によっては、友人や職場の同僚と一緒にシミュレーションを作るとよいかもしれません。さらにこの延長で、災害のときの互助組織にもなる地域の自治会などに、これまで述べてきた災害対策の考え方を広めていけ

るとよいです。

話を進める場合の有効なポイントは、原子力災害対策を、水害や土砂災害対策とセットで話すことです。その方がリアリティが増すので、より浸透しやすいですし、それだけでも実際に地域としての災害対応力を上げることができるので、安心・安全の拡大につながります。その点で、地域や各種組織・機関の防災イベントなどがあるときは、一番話しやすいときだと言えます。実際に僕自身、これまで大学の女子寮の防災訓練や、地域の自治会の防災訓練の場などに招かれたことが何度もあります。今後も呼んでいただければ、喜んで講演をさせていただきますので、ぜひお声掛けください。

行政への対応としては、このような活動をベースに、お住まいの行政の災害対策課を訪ね、原子力災害対策について説明を受けることから始めるとよいと思います。その場合も、こちらの側で災害心理学や災害社会工学の視点を携えていくと、話が進みやすいです。この他、お知り合いに議員や行政の災害対策課の担当者がいる場合は、積極的にこれらの観点を伝えてくだされればと思います。

このように、行政の方たちと接する場合には、ぜひともそれぞれの災害担当者の方々が置かれている立場を忖度し、苦しい胸のうちに迫り得る言葉を発していただければと思います。その方が、内容が伝わる可能性が開けると思うからです。

一方で、注意すべき点が一つあります。これらの討論を行う上で、原発事故のリアリティや、原子力規制委員会の原子力災害対策指針がまったく杜撰で、非現実的なものでしかないことを伝える必要が出てきますが、その際に避難の困難性ばかりを強調し過ぎると、実際の災害時に逃げる意欲を失わせてしまうことにもなりかねない、ということです。

繰り返し述べてきたように、原子力災害は起こってみないと、どのような経過を辿るか分かりません。そしてこの際、ベストな状態で逃げられる可能性ももちろんあり得るのです。それも含めて、「どのような経過を辿るか分からない」ことを強調して欲しいのです。

事故時に大事なのは、まずは「率先避難者」たるべく、とっとと逃げだし、自らの命を守るために最善を尽くすことが大事なのだ、ということです。この点をぜひとも強調し、自分の周りに、地域に、町に広めていってください。

6-2　兵庫県篠山市の原子力災害対策への関わりを振り返って

(1) 篠山市原子力災害対策検討委員会について

行政での取り組みや、行政への関わりに関する参考として、ここで私自身の兵庫県篠山市原子力災害対策検討委員会での経験を述べておきたいと思います。この委員会は、２０１２年秋に発足しました。原発事故があった際に、篠山市民をいかにして守るのかを検討する委員会です。

この委員会の発足が可能だったのは、酒井隆明市長が明確に脱原発の立場にあり、真剣に原子力災害対策を考えていたこと、また市長のもとで原子力災害から市民を守ることに情熱を燃やしている市の職員たちがおられたこと、同時に、市民の中で環境行政にコミットし、市長と信頼関係を築いていた方がおられたことなどに因っています。

第１回の会議が開かれたのは、２０１２年10月24日。以降、２０１５年８月までに12回の全体会議を重ねるとともに、二つに分かれた避難計画作成のための作業部会を何度も開いてきました。

写真７　第５回原子力災害対策検討委員会会議（2013 年４月 18 日、篠山市役所本庁舎３階・会議室）

篠山市原子力災害対策検討委員会
http://www.city.sasayama.hyogo.jp/pc/group/bousai/post-11.html

会議の様子が、篠山市ホームページ*に記載されています。（作業部会の報告は割愛されているので、途中、活動が途切れているようにも見えますが、もっと多数の取り組みが継続的に維持されてきました）（**写真７**）。

私は、この委員会にそれまでも篠山市の環境政策にコミットされてきて、今回も市民委員の一人となった玉山ともよさんの推薦のもと、学識経験者枠の委員の二人のうちの一人として参加させていただきました。この枠のもう一人は、兵庫医科大学放射線科医師の上紺屋（かみこんや）憲彦先生です。本書の中の安定ヨウ素剤の項目の内容を、幾度となく市民にレクチャーしてきてくださっている方です。

委員会は、この他に平野斉副市長が委員長を務め、篠山市の自治会長会、消防団、医師会、薬剤師会、民生委員児童協議会、兵庫医科大学ささやま医療センター、および兵庫県丹波県民局の代表と、７人の市民委員（内４人が公募）で構成され、これに市役所の市民生活部市民安全課防災係の職員の方たちが事務局として加わりました。なお市民委員の一人は、福島県から篠山市に避難移住された方（橋本敬子さん）でした。（２０１５年夏まで。これ以降、市民委員は６人に）。

３年にわたる関わりの中で、さまざまに記憶に残ることがあるのですが、印象的だったのは第１回の会議です。まず、市長がこのように発言しました。

「原子力のこれからの在り方について国民あげての議論になっているが、私は原子力に頼るべきではないと思っている。こういったあり方とは別に、もし事故が起こった場合に、どうしたらよいかを皆さんに考えてもらう会議となる。本市には、篠山環境みらい会議というものがあり、そこでは原子力のあり方について議論をしてもらっているが、それを踏まえて篠山市で検討したいと思っている。福井県の原発から非常に近いところにあるから、今まで他人事だったが、基礎的な知識から、いざという場合にどのような対応を取るのかなどを議論してほしい。準備をしているのとしていないのとでは大きな違いがあるので、できるだけ取り組みをしていきたいと思っている。」

これを受けて初めての会議がなされる中で、ある委員からズバリと、「篠山市の独自性をもった結論を出される覚悟がおありなのか」という質問が、市に対して向けられました。国が掌握している原子力行政に対し、地方の行政体が口を挟める余地は狭いと思われるが、市の側は本気で独自の対策を行うつもりなのか、という問いでした。

これに対して、委員長が以下のように答えました。「国や県の計画と全く相反するものは難しいが、基本的に市として取り組んでいくものがあれば、独自性も打ち出せればと思っている」（以上、引用はＨＰ掲載の議事録より）。

これを委員一同、市の側の本気の決意として受け取り、国の原子力災害対策の下請け的なものではない、真に市民の側に立った対策を打ち立てる取り組みが始まりました。

⑵ 篠山市の被害をどのように考えるのか

委員会を進めるに当たって、最初に問題となったのは篠山市に起こり得る被害をどのように想定するのか、ということでした。

篠山市は、市役所を基点にすると、最も近い高浜原発からは56・18キロメートルの距離にあります。市内で最も高浜原発に近い西紀北地区からは、約45キロメートルです。

この他、主な原発から市役所への距離は、以下のようになります。

大飯（おおい）原発から65・31キロメートル。美浜原発から97・22キロメートル。もんじゅから１０１・65キロメートル。敦賀原発から１０４・50キロメートル。島根原発から２０８・13キロメートル。志賀（しか）原発から２５９・31キロメートル。浜岡原発から２７１・92キロメートル。伊方（いかた）原発から３２０・40キロメートル。福島第一原発から５８３・51キロメートル。

私自身は、当初から福島原発事故直後に内閣に提出された近藤シナリオなどにもあるように、原発から半径２５０キロメートル圏内でも危険だ、と思っていました。伊方原発にはそれなりの距離がありますが、篠山市から西側にあるので放射能が偏西風に乗れば十分襲われる位置にあります。福島第一原発は別としても、上記のいずれの原発の事故でも被害が考えられ、対策を施すべきだ、というのが私の立場でした。

しかし当初は、まだこうした考えは委員会の中で一般的とは言えませんでした。特に、兵庫県を代表して丹波県民局から来られていた方は、原子力規制委員会の「原子力災害対策指針」などから、「篠山市では放射能の被害は考えなくてよい。篠山市の原子力災害対策は、福井原発事故で逃げてきた福井の人たちをいかに受け入れるかにあるのでは」と語られました。

ところが、２０１３年４月に私たちの事故対策の前提を大きく揺るがす発表が、兵庫県企画県民部防災企画局防災計画課広域企画室によって打ち出されました。高浜・大飯両原発が事故を起こしたときの放射性ヨウ素の拡散シミュレーションでした。

神戸、豊岡、篠山、丹波の４地点におけるものでしたが、いずれの地域も安定ヨウ素剤服用の国際基準（ＩＡＥＡ）とされる飛来量を上回っており、特に篠山市は高浜原発事故の場合、基準値の3倍超もの量の放射性ヨウ素が飛来することが予測されていました。県の南側に位置し、県庁所在地もある神戸市ですら、安定ヨウ素剤の服用が必要とされるというシミュレーション結果は、兵庫県全体に波紋を投げかけるものとなりました。

委員会はこれを受けて、起こり得る事態は、市民を逃がさなければならない事態と、逃げてきた人々を受け入れる「複合事態」として想定し、対策を練ることとしました。

なお、兵庫県は、翌２０１４年にシミュレーションを全県に拡大するとともに、より精密化し、安定ヨウ素剤服用の国際基準を超える兵庫県内の市町は、全体で41市町

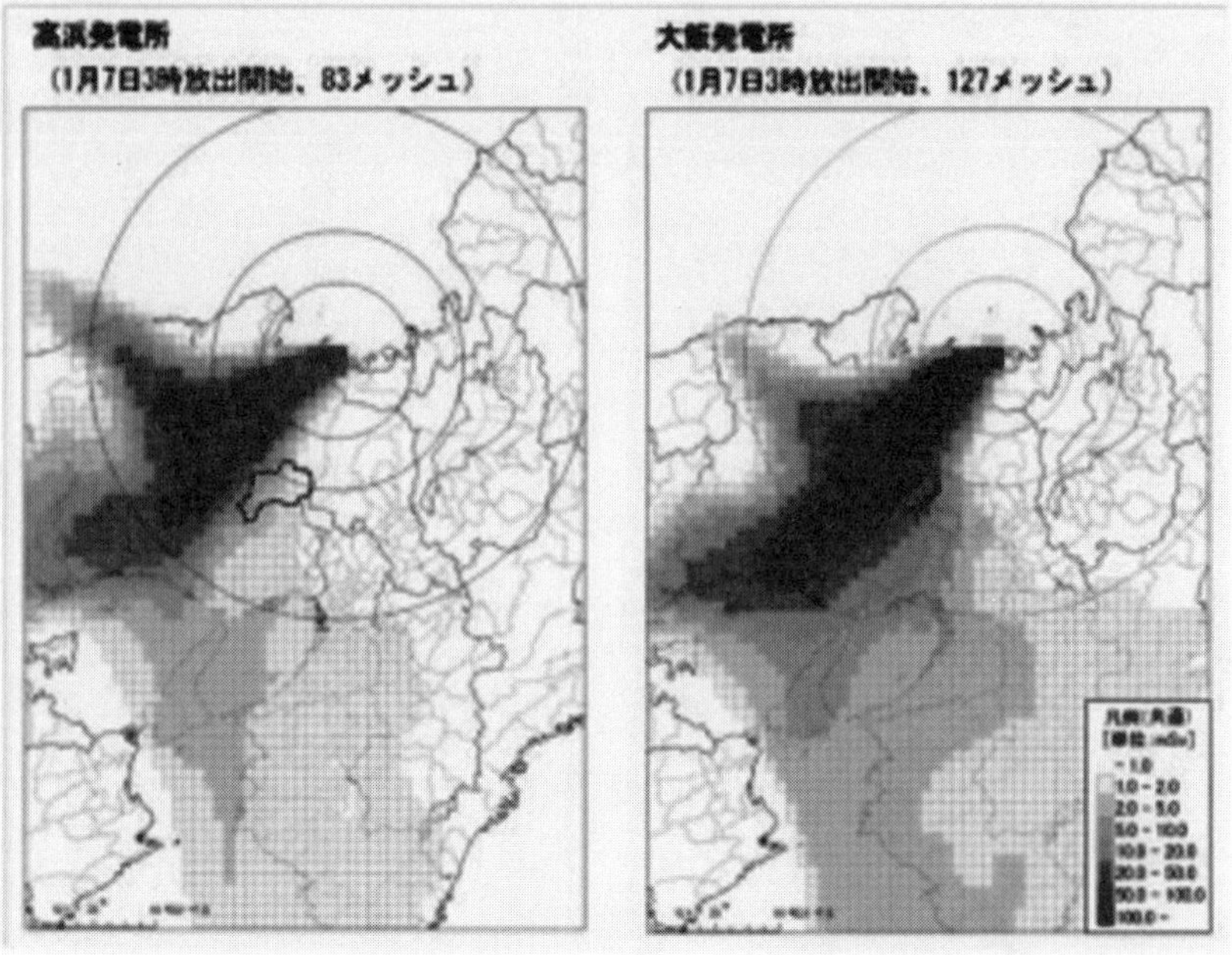

図12　県内で甲状腺等価線量50mSv超のメッシュ数が最多となるケース（「兵庫県企画県民部防災企画局防災計画課広域企画室」調べ。守田が篠山市の位置を付加）

のうち高浜原発事故では32市町、大飯原発事故では38市町にも及ぶという結果を発表しました。高浜原発事故の際の篠山市への放射性ヨウ素の飛来量は、国際基準の3倍超から2倍へと多少、下方修正されましたが、いずれにせよ篠山市をはじめ兵庫県内のほとんどの市町で、緊急時の安定ヨウ素剤服用の必要性が県によって説かれたこととなり、県内の他の市町でも対策を考え出す契機となりました。

県が発表したシミュレーションから、1月7

日の放出例を記したものをご紹介します（図12）。ここで「甲状腺等価線量」という言葉が記されています。「等価線量」とは、国際放射線防護委員会（ＩＣＲＰ）が定めた各臓器当たりの被曝線量を表す概念で、全身被曝のものとは別です。なお、この値が50ｍSv（ミリシーベルト）を越えた場合に、安定ヨウ素剤の服用が必要とされています。

　また、兵庫県が発表した兵庫県内各都市での甲状腺等価線量は、積算データであることに対し、この図は1月7日だけのものであるため、このときは篠山市の被曝量は高浜原発からよりも大飯原発からの方が多くなっています。風向きが不断に揺らいでいて、日によって被曝実態が変わることが、ここから分かります。

⑶ 避難計画の作成に着手

　委員会は、市の決意を受け、かつ放射性ヨウ素の飛来に備えるべきだ，という兵庫県全体のシミュレーション結果を前にして、活気と緊張感を持って進んでいき、早速、避難計画の作成に向けた検討が始まりました。より具体的に討論を進めるために、委員会の下に事前対策部会と応用対策部会という二つの専門部会を設けました。事故に備えて事前に準備することと、事故時の対応に検討対象を分けたのでした。

　残念ながら、この部会の議事録は残っていないのですが、双方の会議でさまざまな事態を細々と想定した上での検討が重ねられました。私は、両部会に参加しました。

　また、この会議には、市役所のさまざまな担当課の参加も必要だということで、各課の課長たちが二つに分かれて参加してくださいました。

大変、印象的だった会議がありました。当時、各課の課長たちは、日ごろの業務の忙しい中を縫うようにして会議に参加しており、「この忙しいときに、何でこの会議に出なくてはならないのか」と、顔に書いてあるように感じられる方もおられました。

その日は、福井県から逃げてきた人々をいかに受け入れるかの想定をしていました。そのために、兵庫医科大学ささやま医療センターの医師も参加していただいていました。福井県の方たちが、兵庫県に逃げて来たときに、どの市町で、どの地域から来た人々を受け入れるかなどが、関西広域連合によって大まかに指定されており、これに基づいた会議でした。

ある課長が、このように医師に尋ねました。「それで、放射能に被曝して逃げてこられた方がいたら、先生の病院に連れて行けばよいのですね」「え、ダメです。病院に入れないでください。院内が被曝してしまいます」と医師。「えっ……」という声と共に緊張が走りました。

「で、ではどうしたらいいのでしょう？」「まずは、除染をしてあげてください」「じょ、除染？」「シャワー室を作って、身体から放射性物質を洗い流してあげてください」「なるほど」「その際、使った水は流さずにすべて回収してください」「えっ……」。

この段階で、参加している課長たちの顔が一斉に変わりました。「そんなに大変なことになるのか」という思いが、みなさんの胸に広がったことが分かりました。

違う課長が、「どこかの銭湯をお借りしてはどうでしょうか」と尋ねました。「いい案ですねぇ。しかし、その銭湯はもう二度と使えません」と即答する医師。「えええ……」。会議室は、重い沈黙に包まれました。

私たちの委員会には、福島県から篠山市に避難移住した方も含まれており、福島原発事故時に福島の方の多くが、各地で差別的な待遇を受けたこと、二度とそのようなことがないように、との要望も受けていました。これらは、すべて放射能に対する正しい認識が得られていないことで起こってきたことです。その点で、この日の会議も、前提として放射能とはどういうものか、被曝とはどういうものかのリアリティを参加者がつかむことに意義があった、と言えます。ただし、参加者にとって、あまりに初めてのことが多く、ではどうするのかの結論までには至ることができませんでした。

一方で、委員たちが深刻に頭を悩ましたのは、避難に当たって誰が自らは逃げずに人を誘導するのか、つまり被曝の危険性がある仕事に誰がつくようにするのか、それをどう決めるのかでした。

ある市民委員から、こうした作業に従事する人々を40代以上に限定し、若い人は先に避難することを決めておいたらどうか、という意見が出されましたが、消防団と医師から反対意見が出ました。消防団からは、「気持ちはよく分かるし、自分も若い人を逃がしてあげたいが、消防団は若手とベテランのセットで各隊を構成しており、それをすべてバラして組み上げることは不可能だ」という意見が出ました。参加していた高齢の医師からも、「お気持ちは分かるが、それでは災害時にはわれわれ歳をとった医師が奮闘して、やがて倒れて、そこで医療が途絶えてしまう。若手の医師たちが中心にならない非常時対応は、とても考えられない」という意見が出されました。

結局、これをクリアできる名案はどこにもなく、委員会はただこのような非常事態について討論したことを記録に残すことだけを決めることしかできませんでした。

この点で、はっきりさせておかなければならないのは、放射能が降る中での避難計画を作る行為は、ある意味で人柱を建てるような側面も持つ、ということです。原則としては誰もが「とっとと逃げる」ことが好ましい。しかし、誰かが人を救うための作業に従事しなければなりません。特に、避難が困難な人を置き去りにしないために、「とっとと逃げる」こととは反対に、誰かがあえて残って対応をしなければならないのです。この点は、原子力災害対策の最も過酷な点であるとも言えます。

このように原子力災害対策は、現場のリアリティに立てば立つほど、考えなければならないこと、これまで考えられてきていないことが多くあることが見えてきます。その一つ一つに、どう対応するのか。委員会が出した答えは、それぞれの現場で、その場のリアリティに応じたシミュレーションを組み立ててもらう以外ない、ということでした。

委員会としては、その際の枠組みとなることを提案する。それを地域、学校、職場、病院、介護施設などの現場に即して深めてもらうのです。それでなければ、とてもではないけれども、リアリティのある計画を作れないことが見えてきました。

(4) 市民や関係者の啓発を先行

一方で見えてきたのは、このようにして原子力災害時の避難計画を策定し、まとめていくには、大変な労力と時間がかかることでした。それなら計画全体が完成しなくても、今からでもできること、有効なことからどんどん進めていこう、ということになりました。そもそも原子力災害は、明日起こるかもしれないものです。実効性のあることなら、すぐにでも行った方がよい。そう考えて、すぐにできることを優先しました。

まず決めたのは、市でガイガーカウンターを持つことでした。いざというときの測定のためだけでなく、平常時の放射線値も記録しておくためでした。このため、簡易性の安価なカウンターと日立アロカ製の高価なものとの２種類の購入が、即座に市によってなされ、早速、市役所前などでの定点測定が開始されました。

写真８上　2013年６月９日、篠山市西紀北地区での防災訓練（守田撮影）
写真９下　防災デモンストレーションの後に行われた講演会（篠山市撮影）

さらに焦点化したのは、本書で繰り返し提案してきた災害心理学、社会工学の視点に基づいた「原発災害に対する心得」を市民に提案していくことと、兵庫県のシミュレーション結果を受けて、早急に安定ヨウ素剤の備蓄を進めること、またこの面でも市民に対する啓発を行うことでした。

このため、事務局の市民安全課が各方面に働きかけ、前者では私が、後者では兵庫医科大学の上紺屋憲彦先生が講演する機会をさまざまに設けていきました。

まず行ったのは、2013年6月9日に、篠山市の西紀北地区で行われた大規模な土砂災害訓練の場で、私の講演を行うことでした。この地区は、市内で高浜原発から最も近いこともあり、兵庫県のシミュレーション結果に、住民の中でも驚きが広がっていて、市の側からの説明も必要とされていました。

訓練当日は、篠山警察署、篠山消防署、篠山市消防団、自衛隊青野原駐屯地の部隊が、それぞれの車両に乗って参加、さらに神戸市消防局のヘリコプターも参加し、大掛かりなものとなりました。

会場となった西紀北小学校周辺に、簡易の救護施設などが設けられ、自衛隊車両で各地から市民を搬送。さらに、ヘリコプターが飛来して、隊員がロープで降下。倒れている人を救護して、ヘリに吊り上げるデモンストレーションなどが行われ、そのままヘリが校庭に着陸。市民たちが駆け寄って、ヘリから降りてきた救助隊員から説明を聞きました。

また、校庭に砂の山が作られ、土のう作りコーナーも出現。市民が、子どもたちと共に土のうに砂を詰めて積み上げる体験もしました。

これらの訓練、デモンストレーションによって、地域の方たちの心はすっかり災害対策モードに。この時点で、会場を体育館に移して、私が講演を開始。

初めに、災害心理学や社会工学の要点を話し、続いて土砂災害の特徴と注意点、さらに進んで原発災害の特徴と注意点、放射能からの身の守り方をお話ししました。この講演会には、消防団の他、自衛隊員や警察官も参加していました。

土砂災害訓練に続けての講演であったことと、放射性ヨウ素が飛来する予測が出ていたこともあって、住民の方たちの集中力は高く、講演後の感想も「とてもためになった」というものが多く、原子力防災の意識を広める企画として成功でした。

訓練は、その後に、自衛隊の方たちによる炊き出しのカレーをみんなで食べて、終了しました。

さらに、６月25日には、市の職員１００名余りを集めて原子力防災研修会を開き、私が講演。その後、同様の講演会を、あるときは自治会で、あるときは一般市民向け講演会として、断続的に何度も重ね、繰り返し市民の啓発を行うことが試みられました。

こうした講演の中で印象的だったのは、ある自治会に呼ばれた、自衛隊も出動した土砂災害訓練のときに、自衛隊の隊長さんに「今日は、とてもためになる話を聞けました。大変、有益でした」と、喜んでいただけたことでした。

自衛隊は、福島原発事故でそうであったように、原子力災害が起こったとき、事故の収束作業のために危険な現場に投入されることがあるため、災害対策、特に放射線から

写真10　2014年1月の「篠山市原子力防災フォーラム」

の身の守り方に強い関心を持っていることが分かりました。このため、これ以降の講演では、自衛隊員や警察官など、災害時に危険地帯に投入される人々の立場も考えたものへと話の内容をバージョンアップしていきました。

一方で、安定ヨウ素剤の備蓄に向けては、上紺屋先生が8月1日に、市の職員を集めた講演を行い、放射線被曝とは何か、安定ヨウ素剤服用の意義や諸注意などをレクチャーしました。上紺屋先生は、「安定ヨウ素剤は備蓄しているだけではだめだ。どのような薬であっても、事前にその薬を飲む意義をきちんと理解してないと、いざというときには飲めない。事前の啓発があってこそ、いざというときに飲んでもらえる」ことを、機会あるごとに強調され、こうした講演を、篠山市で勤務している看護師、保健師を集めた会や、自治体連合会の役員を対象にした場などでも行い、さらにその講演を啓発用のDVDに収めました。

その後、市職員400人が、このDVDでのレクチャーを受けて説明要員となり、各自治体の招きで、200ヵ所に及ぶ小集会に二人一組で出向。学んだことを市民にレクチャーすることも繰り返し重ね、全ての自治会をすでにまわり終えています。なお、本書の安定ヨウ素剤に関する叙述も、上紺屋先生のこの市民向けのレクチャーに多くを依存しています。

こうしたことを行いつつ、２０１４年1月には、一般市民を対象とした「篠山市原子力防災フォーラム」を開催。私が、これまでと同様の講演を行ったほか、原子力災害対策検討委員会の二つの作業部会の委員長である玉山ともよさんと神田幸久さん、自治会長会副会長の森口久さん、消防団長の北山正さんが参加したパネルディスカッションを行い、検討委員会で積み上げてきた討論の様子を市民に知らせました。

また、肝心の安定ヨウ素剤については、２０１３年９月の市議会で予算化し、２０１４年３月に5万人分を購入。とりあえずの措置として、篠山市役所、丹南健康福祉センター、東雲診療所、草山診療所、今田診療所の５ヵ所への備蓄を終えました（２０１６年1月30日より市民への事前配布も実施）。

なお、放射性ヨウ素が兵庫県内の多くの市町へ飛来する予測が市民の間に浸透する中で、多くの首長が、自らの町に放射性物質が飛来した場合には、避難の受け入れは適当ではないので行わない旨の見解を表明し、酒井篠山市長も同様の見解を示しました。隣県からの避難民の受け入れを拒否するという意味ではなく、篠山市自体が避難をしなければならない状況では、避難して来る方々にとっても放射能被曝の害を逃れることにはならない、という意味からです。

これを受けて、委員会も、従来とってきた複合事態への対処という立場を改め、もっぱら篠山市民の放射能防護、避難や退避についての対策を重ねていくこととしました。

⑸ 原子力災害対策の先頭に立つ篠山市消防団

これらの動きの中で、特筆すべきは、篠山市消防団の取り組みです。消防団は、当初より団長が検討委員会に参加していましたが、2013年度から参加した北山正団長のもとで、俄然、取り組みを前進し始めました。

北山さんについて印象深いのは、初めて会議に参加されたときに、冒頭に「団長として参加しなければならない会議が多すぎて困っている。次回からは、副団長の参加でいいだろうか」と、事務局に尋ねたことでした。しかし、およそ2時間あまり、会議に参加している中ですっかり目つきが変わり、会議の終了時には「これは消防団こそが引き受けないといけない課題だ。自分が率先して動く」と、語ったことでした。

さらにその後、北山さんは私に、「いざというときに、うちの隊員たちがどうやって放射線から身を守ったらいいのか教えてあげてほしい」と語り、2013年より3年連続で、夏の「防災の日」に消防団員向けの講演会を企画。当初は、班長級以上250人の隊員への講演から始め、3回の講演を重ねることで、1200人以上の隊員の大半が講演を聞いてくださいました。

この他、2014年6月には、篠山市のお隣の丹波市消防団との合同幹部会議でも私を講演に呼んでいただき、丹波市消防団にもこうした取り組みへの参加を促して賛意を得たほか、消防つながりで篠山市防火協会での私の講演なども実現しました。

この消防団との関わりの中で、私自身、より一層、水害や土砂災害なども含んだ全般に対する見識を深めることができました。また、それらを踏まえて、福島原発事故時に

写真11上　2014年8月30日、篠山市消防団防災研修会に500人の隊員が参加
写真12下　篠山市消防団の先頭に立つ北山正団長（守田撮影）

原発周辺地域の消防団の方たちが、放射能が降る中で、さしたる防護もなしに必死の捜索や人命救助に奔走せねばならなかったことなども検証し、有事の際に人命救助に当たる方たちが、いかにすればより放射能から身を守れるのかを考え抜きました。

これらの中で、放射能被曝を軽減するための特別の防護服の着用を消防団に提案。団長からの要請を受けた酒井市長が、すぐに予算を付けてくださり、ゴアテックス製のカッパの全隊員分の購入が実現しました。およそ1着1万円の出費でした。

今後は、これに加えて、曇り止め付きのゴーグルや精度の高いマスクの購入を行うことが方針化されています。ゴーグルを購入するのは、放射性物質はむき出しになった目から入りやすく、水晶体の上皮細胞を被曝させ、傷ついた細胞が水晶体の裏側に溜まることから、目が白く混濁する白内障を招くことがあるので、これを防ぐためです。

またゴーグル使用は、原子力災害時のみならず、一般の火災のときでも有害物質が飛散することから着用が望ましいこと、特に複合災害時には、さまざまな有害物質が飛ぶので、放射能以外の化学物質からの眼の保護のためにも有用なことが分かりました。

このため、2015年の防災の日の講演では、放射能降る中での避難誘導の際のリアリティに、これまでよりも踏み込んで言及し、カッパのみならずゴーグルの着用の重要性を強調しました。また東日本大震災時に、不衛生な状態でのコンタクトのつけっぱなしによって、目に深刻なダメージを受けた方がたくさんいた事実なども紹介しました。こういう場合は、コンタクトを外すのが鉄則です。この点を含めて、災害時に目を守る知恵を伝えました。

篠山市消防団は、このように繰り返し原子力災害対策に関する講習を行い、かつカッパを購入し、ゴーグルも準備し、独自にガイガーカウンターを持つなど、一つ一つ対策を重ねてきています。おそらく、全国の消防団の中で最も取り組みを重ねているのではないかと思われますが、今後は原子力災害時の避難誘導のマニュアルを作り、有事の際には隊員自身の被曝も極力避けながら、速やかに市民の避難誘導を終えること、結果的に消防団員もいち早く避難できることを目指していくことになりました。

⑹　原子力災害対策計画に向けての提言

これら現実的に進められることを大きく重ねてきた篠山市の原子力災害対策ですが、肝心の避難計画の策定において、ある困難性にぶつかってしまいました。

というのは、篠山市で災害対策計画を作る際に、当然にも消防、警察、自衛隊との連携が必要になりますが、この点は篠山市の一存で決められることではありません。篠山市を含む兵庫県全体のマスタープランが策定され、そのもとで関係機関との連携が決められ、そこに篠山市が入る形になるからです。

ところが、兵庫県全体の原子力災害対策計画が完成していないため、消防、警察、自衛隊の動きを含んだ計画が作れない、ということが明らかになったのです。

この点も、兵庫県の問題というより、原子力規制委員会や政府が、兵庫県や関西広域連合が提出している疑問や提案に、何らの誠実な回答をしていないがために進捗していない問題でもありました。

これを踏まえて、委員会は当初の避難計画の策定の計画を変更し、「原子力災害対策計画にむけての提言」*を市長と市民に提出することにしました。そこに、これまで討論してきた原子力災害対策についての考え方を盛り込み、今後、計画を緻密化していく上でのガイドライン的なものとすることを目指したのです。この提言は、２０１５年６月17日に委員会より市長に対して提出され、受理されました。篠山市は、この提言に盛られた内容に沿って、原子力災害対策をより緻密化していくことを目指すことになっています。以下、提案のアドレスを脚注に紹介しておきます。

提案の内容は、本書で詳述してきたことに重なります。というよりも、本書の多くは、この委員会で繰り返し討議され、提言書の作成のための修正を繰り返す中で編み出されてきたものをベースとしています。重複になるために、ここでの紹介は省きますが、ぜひ篠山市のホームページからこの提言をダウンロードし、本書と重ねて読んでください。

原子力災害対策計画にむけての提言
http://www.city.sasayama.hyogo.jp/pc/group/bousai/assets/2015/06/teigensyo.pdf

提言書は、もっとコンパクトに書かれているため、要点をつかむのに便利です。

またこの提言書は、お住まいの地域の行政と話をする上でも大きな助けになる、と思います。ぜひ篠山市でこうしたことが行われており、市長が提言を受け入れて原子力災害対策を進めていることを、お伝えください。

さらに重要な点は、提言書の中で安定ヨウ素剤の事前配布に取り組むことが提言され、市長によって受理されたことです。

このため、２０１５年秋現在、篠山市はすでに備蓄を終えている安定ヨウ素剤の事前配布の準備を進め、２０１６年1月から3月にかけて18回にわたって市民への配布を行うことを決定しています。この動きに、ぜひ他の地域も続いていただきたい、と思います。ぜひ篠山市のようにヨウ素剤を購入し、事前配布を実現しようと、お住まいの行政に提案してください。これは、避難計画に対して国が何らの責任もとろうとしない現実を、下から是正し、市民自ら命を守るための不可欠な行為です。

篠山市は、この事前配布と共に、提言で示した観点に基づき、兵庫県のマスタープランがない中でもできる点からさらに具体的な避難計画に落とし込んでいくこと、対策の緻密化を図っていくこと、これに委員会が再び関わっていくことを決めています。

人口4万人の篠山市での細やかな取り組みが、読者のみなさんの何らかのヒントになることを願ってやみません。

あとがき

本書の最終稿を書き終えたのは、２０１５年9月18日のことであり、あとがきは翌日19日に書いています。この夜、国会内外で「戦争法案」をめぐる激しい攻防が繰り広げられ、未明に強行採決が行われて、「戦争法案」は「戦争法」へと変わりました。憲法学者のみならず、歴代の内閣法制局長や最高裁判事までが「憲法違反」を明言する悪法が、数の暴力で押し通されてしまいました。

「原発からの命の守り方」を論じてきた本書の立場からするならば、原子力災害のみならず、水害、土砂災害などを含めて、この国の本当の危機と少しも向かい合おうとしないこの国の政府が、人々を守ろうとする真っ当な意識を持っているとは、とても思えません。

「国防」という視点に立ってみても、原発の再稼働など言語道断であるし、危険都市ランキングのワースト10に三つもの大都市圏が入ってしまっている現状の克服や、東南海地震、関東大震災、火山の噴火などへの備えこそが、最優先されるべきです。にもかかわらず、無謀にもアメリカ軍との共同行動に自衛隊を駆り出そうとしている現政府のあり方を見ていると、私たちが命を守るためには、ますます私たち自身の自主的な力をアップさせなければならないことが分かります。私たちは今後、「戦争から命を守る」ことにも、もっともっと努力を傾けなければなりません。

その際、大いに参考になるのは、福島原発事故の際に、まさに「とっとと逃げだす」ことを実践した人々、自主的避難に踏み切った方、また今なおそれを継続している方たちです。この方たちこそ、本書が推奨してきた「率先的避難者」です。その勇気ある行為は、私たち全体の未来を守るためのものです。すべての人々から深い感謝を捧げられるべき立派な行動です。

にもかかわらず、人々の命を肝心なところでは守ってくれないこの国は、避難者たちへの補助を次々と打ち切り、まだ膨大な放射能が残っている元の居住地へと呼び戻すことを始めています。膨大に出てきてしまった放射能への対応が困難なことから、放射能を除去するのではなく、放射能を危険だと思う人々の意識の方の「除去」を目指しているのです。

本書では、この点を十分に展開できませんでしたが、ぜひとも全国各地で、福島原発の放射能から率先避難を行っている方々を守り、囲み、その経験と痛みをシェアすることを進めていただきたい、と思います。その中から、私たちが、この時代を生き抜くために必須な「自主的な力」「自主的な知恵」の具体例に学ぶこともできます。

同時に、私たちが確認しておくべきなのは、現在、日本の原発が再稼働を強行された川内原発以外、すべて止まっており、そのことが私たちの安全を大きく担保していると同時に、これだけ原発が停まり続けてきたことが、原子力産業にとって大変な壁となっていることです。例えば今日、東芝が不正会計問題で揺れていますが、その大きな要因を形作っているのも、原発への投資による焦げ付きと、福島原発事故による信頼の喪失です。東芝は、福島原発２、３、５、６号機の製造に関わったからです。原発の定期点検料が入らないことも、東芝にとって大きなダメージとなってきました。

川内原発の製造者、三菱重工もアメリカで部品を納入した原発が事故を起こし、２０１３年に廃炉が決まってしまい、９３００億円もの損害賠償の訴訟を起こされています。廃炉には、危険性を訴えるアメリカ住民のパワーが大きく作用しましたが、実はその集会の場にも福島からの避難者が駆け付けていました。

さらに、２０１１年までは54基もあった日本の原発が、平均で4年以上も停まる中で、それまで日本に濃縮ウラン燃料を売ってきたアメリカの大手核燃料会社が、倒産してしまっています。

つまり、これだけの原発を日本の民衆が停めてきたことが、「国際原子力村」に大きな影響を与えており、世界全体が核の悪夢から脱する日を近づけつつあるのです。

その最も重要な推進母体となってきた人々こそ、率先避難を決行した方たちです。あるいは福島を始めとして、被曝地の中から怒りの声を挙げてきた方たちです。その胸の奥底からの叫びが全国に木霊し、各地での脱原発運動に力を与え、「原発をなくそう」「命を守ろう」という声を、この国の内外に響き渡らせてきたのです。

現在の、戦争からすべての命を守ろうとする行動、殺すことも殺されることも止めようとする全国で沸き起こる運動も、福島原発事故以降、命を守るために必死になって行動した人々に刺激を受けて、育まれてきたものに他なりません。

だから本書の最後に、ぜひともみなさんで、この率先避難者たちを守りながら、現に出てきてしまった放射能に対して、政府や電力会社の重大な責任を追及し、果たすべき責務を実行させていくことを訴えたい、と思います。

その中から、民衆がもっと自主的な力を付けることこそが、これからの災害対策の基本中の基本であると共に、民主主義を育て、逞しくしていく行為であることを、強調したいと思います。命を守り、つないでいくために、未来世代に少しでも美しい地球を渡すために、共に努力を重ねていきましょう。

なお最後に、本書の作成に当たってお力を借りたたくさんの方々への謝辞を述べたいと思います。

特に、共に原子力災害対策を練り上げてきた篠山市のみなさんの力があって、はじめて本書は成立しました。中でも、安定ヨウ素剤に関する項目では、上紺屋憲彦先生の見識に大きく依拠させていただきました。

また、本書の出版を引き受けていただいた海象社社長・山田一志さんには、原稿が大幅に遅延し、多大なご迷惑をおかけしてしまったにもかかわらず、出版にご尽力いただきました。

他にも、多くの方にご助言をいただき、お力を貸していただきました。お名前を挙げることができずに申し訳ありませんが、ここに深い感謝の意を記したい、と思います。
本書が、みなさんの命を守るための行動にお役に立つことを、ひたすら願います。

2015年9月19日

守田敏也

KAIZOSHA

原発からの命の守り方
──いまそこにある危険とどう向き合うか

2015年10月27日初版発行
2019年4月19日第5刷発行

著者……………………守田敏也

装幀……………………横本昌子

発行人…………………岸上祐子
発行所…………………株式会社 海象社
郵便番号103-0016
東京都中央区日本橋小網町8-2
電話03-6403-0902　FAX03-6868-4061
http://www.kaizosha.co.jp
振替00170-1-90145

組版……………………［オルタ社会システム研究所］
印刷・製本……………モリモト印刷株式会社

Printed in Japan
ISBN978-4-907717-43-8　C0036

※この本は、印刷には大豆油インクを使い、表紙カバーは環境に配慮したテクノフ加工としました。